スクラムチームで
はじめる
アジャイル開発

増補
改訂版

SCRUM
BOOT CAMP
THE BOOK

スクラム・ブート・キャンプ ザ・ブック

[著]
Naoto Nishimura 西村 直人
Miho Nagase 永瀬 美穂
Ryutaro Yoshiba 吉羽 龍太郎

SHOEISHA

増補改訂にあたって

　月日が経つのは早いもので、私たちがSCRUM BOOT CAMP THE BOOK
の初版を世に出してから7年以上の時間が経ちました。この7年で日本におけるア
ジャイル開発の状況は大きく変化し、多くの現場でアジャイル開発の活用が進みま
した。国内でもアジャイル開発に関する大規模なイベントが増えて、大勢の人が事
例を持ち寄ったり、実践の事例がブログなどで多数公開されたりするようになって
います。ありがたいことにこの間、新しくスクラムを始めようとする多くの方が本
書を手に取ってくださいました。

　その一方でスクラムもこの7年間で変化しています。初版の発売以降、2013年、
2016年、2017年にスクラムの公式の定義であるスクラムガイドが改訂され、複
数のルールの追加や削除が行われました（たとえば以前は、デイリースクラムでは
開発チームのメンバーが3つの質問に答えるものとされていましたが、現在は3つ
の質問はオプションになっています）。いくつかの用語も見直されています。

　このような変化のなかで、本書の初版の内容の一部が最新のスクラムの定義とそ
ぐわないところが出てきました。もちろんだからといってスクラムを進めるうえ
で初版の内容をもとにすると問題が起こるということはありませんが、せっかく
学習するのであれば最新の内容を習得いただきたいと考え、最新のスクラムガイド
（2017年版）をもとにして、本書を改訂することにしました。そして、今の開発
現場の風景がなるべく伝わるように、コラムや以前の文章を見直しました。

　本書が少しでも読者の皆さんのお役に立てば嬉しい限りです。

著者一同

CONTENTS

基 礎 編
スクラムってなに?

実践編
どうやればうまくいくの?

CONTENTS

SCRUM
BOOT CAMP
THE BOOK

CONTENTS

SCRUM
BOOT CAMP
THE BOOK

CONTENTS

この本はどんな本だろう？

　スクラム (Scrum) は、アジャイルソフトウェア開発のやり方の 1 つで、多くの人に受け入れられています。現場の人たちの持てる力を最大限に引き出すために必要なことをうまくまとめていて、どういったことをみんなで協力して行うべきなのかという点が中心になっているので、とてもシンプルで導入しやすいのが特徴です。

　これから自分の現場で取り組もうと思っている人も多いでしょう。けれど実際にスクラムに取り組もうとすると、色々と悩むことは少なくありません。それは、たとえばこういった理由からです。

- 決められていることが少なくて不安だ。
- 自分の現場ではすべてを適用するのが難しく思える。
- 日々どういった作業をしないといけないのかがよくわからない。
- 調べてみたら「スクラムはフレームワークなので自分の現場に合わせましょう」と書かれていて途方に暮れる。

　私たちは、スクラムは良いやり方だと思っています。そして、なにより気に入っています。これから始める人たちに少しでも現場でうまくいってほしいので、みんなにどうやってスクラムで開発をうまく進めていくかを伝えていきたいと思います。この本ではスクラムについて以下のことを学べます。

- **全体像と決められているルールについて**　スクラムはルールが決められているので、知らないと話にならない。まずはルールについて正しく理解しておこう。
- **実際の開発をうまく進めていくためのポイント**　単にルールにしたがっているだけではうまくいかない。そうならないために必要なことを知っておこう。
- **自分の現場でうまく取り入れていくためのヒント**　ほかの現場ではどうやっているかを知って、自分たちの現場で活かすためのヒントを得よう。

もしあなたがこれからスクラムを始めようと考えているのなら、この本でスクラムについて知るところから、実際に自分の現場で取り組む際に知っておくべきことまで、一通り学べるはずです。もしあなたがすでにスクラムに取り組んでいるなら、悩んでいることの解決の糸口を見つけたり、もっと成果を出すために身につけなければならないことを学ぶことができます。

本書の読み方

この本では、スクラムとはなにかから自分の現場でうまく進めるのに必要なことまでを説明していきます。そのため、この本の構成は次のようになっています。

- **基礎編** スクラムの全体像と決められているルールについて説明する。
- **実践編** 架空の開発現場を題材に開始時から時系列に沿って、スクラムではどう進めていくのかを説明する。

実践編では、実際の現場ではどんな感じでスクラムに取り組んでいくかを伝えたいので、架空の開発現場をもとに説明していきます。マンガを使っているのは、少しでも実際の現場の雰囲気を伝えたかったからです。スクラムでよく疑問に思うことや悩みがちな場面をはじめにマンガで紹介し、そのあとにみんなと一緒に考えていきたいことを文章で説明しています。

これからスクラムを始めようと思っている人は、まずはスクラムの全体像をつかむために、基礎編の最初から順に読んでいってください。この本では、スクラムをやってみて実際に遭遇することを色々と書きました。実際に何か困っていることがあれば、その部分を先に読んでヒントを得てもかまいません。ただし、そこに書かれていることがすべてではないので、ほかの部分もぜひ読んでください。

…この絵を使って指摘している部分は、スクラムで開発を進めていくうえで、とくに大切なことが書かれています。

 …この絵を使っているコラムでは、実際の現場でのエピソードやTipsを紹介していきます。

この本に関する情報

　本書についてのお知らせは以下で提供しています。また、内容についてのフィードバックもお待ちしております。

● サポートページ：https://www.seshop.com/product/detail/23281

最後に一言

　私たちは、これまで数多くの現場でスクラムへの取り組みに関わってきました。この本では、私たちがこれまで経験したことを皆さんに少しでも多く伝えたいのです。それも具体的で実践的なことをです。そのため、この本はスクラムで開発を進めていく際によく出くわす出来事を題材に学べるようにしています。きっと、皆さんの現場でスクラムに取り組むときの最初のヒントになるはずです。けれど、この本でスクラムのすべてが学べるわけではありません。ここに書かれていることを鵜呑みにしないでください。ぜひ、自分たちの現場ならどうだろうと考えながら読んでみてください。

　では、そろそろ一緒にスクラムとはどんなものなのか学んでいきましょう。

▶ はじめまして!!

「さて、困ったぞ……」

なんで僕が社内ではじめてスクラムを導入する開発を任されているんだ？ それも体制図にはスクラムマスターって書いてあるぞ。どうしてこうなったかを説明する前に、まずは自己紹介をしよう。今回ひょんなことからスクラムマスターをやることになった「ボク」です。

ボクくん
スクラムマスター

入社3年目の新人スクラムマスター。学生期間が長かったので26歳。
顧客向けシステム開発の開発チームから社内向けシステムの部署に異動になったばかり。明るくて前向きな性格で、現場を良くしたい想いを人一倍持っている。リーダー経験もそこそこ豊富で行動力もあるため部長の期待も大きいが、深く考えずに行動してピンチになることもしばしば。

ここで、今回の経緯を少し説明しておきたい。僕は、顧客向けの業務システムやB2Bサービスを作るのが好きなんだ。けれど、開発チームのリーダーをやるようになってから、もっと開発現場を良くしたり、みんなを勇気づけたりしていきたいって思うようになってきたんだ。そんなときにたまたまスクラムというやり方を見つけた。書いている内容はピンとこなかったんだけど、どんなモノを作るのか考える人と開発者が協力して進めていくのが良さそうに感じた。あと、現場を良くしていく専門の人がいるってのも気に入った。たしかに、最近はスクラムって単語はわりと目にするので、ちょっと気になってたんだ。ちょうどそのとき、社内の定例ミーティングで最近気になっていることを聞かれたので、そこでスクラムをやりたいって言ってみたんだ。

　実は、そんなことを社内のミーティングで言ったなんてすっかり忘れていたんだけど、その後にエライ人の会議でこんなやり取りがあったらしい。

エライ人A	「うちの会社も新しい試みとしてスクラムを導入したほうが」
エライ人B	「ライバル会社ではすでに導入済みらしいな」
全員	「遅れをとるわけにはなー」
エライ人C	「そのために、次の開発ではぜひ導入したいんだが」
社長	「ちょうど、社内システムの開発だし試してみたらどうだ」
全員	「でも誰に任せればいいんだ？」
エライ人C	「ちょうど、社内でやりたがっているやつがいたんだよ」
全員	「じゃ、そいつで!!」

　そんなやり取りがあったことなんて知るはずもなく、僕はある日突然、社内で新しく始める開発案件を担当することになった。そして、僕には次のようなメールが届いてた。

ブチョー

To ボクさん

ブチョーです。

君に社内初のスクラムを導入した開発を担当してもらうことになった。
君の念願がようやく叶うのだから、ぜひ成功させてほしい！
もう少し詳しい説明とスクラムについて少し聞きたいことがあるので、
明日の午前中に私の席まで来てくださいね。

以上です。

うん!?　スクラムを導入した開発を僕が担当する？　そして、明日席に来い？
そう、これが困っている理由だ。だって、僕はスクラムについてまだ何もわかって
ないのに……。さすがに何の準備もなしにブチョーのところに行くわけにはいかな
いので、この間買ったばかりの『SCRUM BOOT CAMP THE BOOK』という
本で少し勉強をしておこう。

なになに？「スクラムの全体像と
決められていることを学ぼう」……？

Scrum

スクラムってなに？

基礎編では、これからアジャイル開発や
スクラムについて知りたいと思っている
人向けに、アジャイル開発の概要や
スクラムの全体像を説明します。
これからアジャイル開発に取り組むに
あたって必要となる前提知識を
身につけておきましょう。

はじめに

　ソフトウェアを作るのは簡単ではありません。

　最初にどんなものを作るかをきちんと考えて作り始めても、いざ進めてみると途中でほしいものが変わったり、さまざまな要望が出たりします。

　ソフトウェアを作るのに時間がかかりすぎてそれ自体に意味がなくなってしまったり、たくさんお金がかかってしまったり、なんとか完成させても実際に手にしてみたらほしいものとは違っていたり、といったことが起こります。

　ソフトウェアを作るうえで本当に重要なことは何でしょうか？

　それは、できあがったソフトウェアを実際に活用することで顧客や利用者の課題を解決したり、お金を稼いだりする、つまり成果を上げることです。

　ソフトウェアを作ること自体は目的ではなく、成果を上げるための手段なのです。

　したがって、何のために作るのかを明らかにし、現在作っているものが本当に成果を実現できているのかを小まめに確認しながら進めていくことが必要です。

　その過程で当初作ろうと思っていたものよりも良いアイデアが出てくれば、それを受け入れ、作るものを変えていきます。そうすることで成果が最大化していきます。

アジャイル開発とは？

　では、目的を達成し、成果を最大化するためには、どう進めればよいのでしょうか。それは次のような進め方です。

- 関係者は目的の達成のためにお互いに協力し合いながら進める
- 一度にまとめてではなく少しずつ作り、早い段階から実際に動作するものを届け続けて評価を繰り返す
- 利用者の反応や関係者からのフィードバックを継続的に得ながら、作っているもの自体や計画を調整する

　このような進め方をアジャイル開発と呼びます。

　アジャイル開発という単語が生まれたのは2001年です。従来の重厚な開発プロセスの問題点を解決するために、もっと軽量なやり方ができないのか試行錯誤していた人たちがさまざまな議論を行った結果、自分たちの根底にある考えには多くの共通点があることに合意し、アジャイルソフトウェア開発宣言（http://agilemanifesto.org/iso/ja/manifesto.html）を示したのが始まりです。

　つまりアジャイル開発とは何か単一の開発手法を指すものではなく、似たような開発手法に共通した価値観と行動原則に名前がついたものであり、それを体現するさまざまな手法があるということです。主な手法にスクラム、エクストリーム・プログラミング（XP）、カンバンがあります。

　これらさまざまなアジャイル開発手法に共通するのは、「事前にすべてを正確に予測し、計画することはできない」ということを前提にしている点です。従来の開発手法では、あらかじめすべての要求を集め、すべてを作るためにはどのくらいの期間がかかるのか、どのくらいの人数が必要なのか、どのくらいのコストが発生するのかを見積もります。

　一方でアジャイル開発では、どのくらいの期間や人数で仕事をするかを決めて、その範囲の中で大事な要求から順にプロダクト（アジャイル開発において実際に作られるもののこと。主にソフトウェアを指しますが、必要なドキュメントなども含まれます）を作っていきます。つまり、重要なもの、リスクの高いものほど先に作り、そうでないものは後回しにすることで成果を最大化していきます。

スクラムってなんだろう?

　スクラムは、前述の通りアジャイル開発手法の1つです。

　スクラムは、1990年代にジェフ・サザーランド氏とケン・シュエイバー氏によって作られました。1986年のハーバード・ビジネス・レビュー誌に掲載された野中郁次郎氏と竹内弘高氏による論文「The New New Product Development Game」の内容をソフトウェア開発に応用したもので、スクラムという名前自体もこの論文から取っています。

　スクラムには以下の特徴があります。

- 要求を価値やリスクや必要性を基準にして並べ替えて、その順にプロダクトを作ることで成果を最大化します
- スクラムでは固定の短い時間に区切って作業を進めます。固定の時間のことを**タイムボックス**と呼びます
- 現在の状況や問題点を常に明らかにします。これを**透明性**と呼びます
- 定期的に進捗状況や作っているプロダクトで期待されている成果を得られるのか、仕事の進め方に問題がないかどうかを確認します。これを**検査**と呼びます
- やり方に問題があったり、もっとうまくできる方法があったりすれば、やり方そのものを変えます。これを**適応**と呼びます

　スクラムはわかっていることよりもわからないことが多いような複雑な問題を扱うのに適しており、5つの**イベント**（会議など）、3つの**ロール**（人の役割）、3つの**作成物**など最低限のルールのセットで構成されています。あくまで最低限のルールのみ用意されているので、そのルールを実際どのように適用していくのかは自分たちで考えなければいけません。また、スクラムで決まっていない部分、たとえばコードの書き方やテストのやり方など、プロダクトを作るうえで必要な点についても、自分たちの状況を踏まえて取り組んでいく必要があります。そのため、フ

レームワークとも表現されています。

　スクラムのルールは**スクラムガイド**（https://www.scrumguides.org/）で定義されています。2010年に初版が公開され、以降1～2年おきに内容が改訂されています。スクラムのルール自体も検査と適応を繰り返して更新されていると考えれば良いでしょう。

　本書では、執筆時点の最新版である2017年版のスクラムガイドをもとに説明していきます。なお、今後も改定されていくため、適宜最新版の有無を確認するようにしてください。

　では、特徴がわかったところで、スクラムで決められていることを順番に見ていきましょう。

機能や要求を並べ替える

1番目に実現したい	**【作成物 1】プロダクトバックログ**
2番目に実現したい	
3番目に実現したい	◆ 実現したいことをリストにして並べ替える
4番目に実現したい	・優先度ではない
5番目に実現したい	◆ 常にメンテナンスして最新に保つ
6番目に実現したい	・項目が追加されたり、削除されたりする
7番目に実現したい	・順番は定期的に見直す
99番目に実現したい	◆ 上位の項目は見積りを済ませておく
100番目に実現したい	（定期的に見積もり直す）

　スクラムでは、機能や要求、要望、修正などプロダクトに必要なものを抽出し、順番に並べ替えた**プロダクトバックログ**と呼ばれるリストを作成します。プロダクトバックログはプロダクトにつき1つと決められています。プロダクトバックログの項目の順番は、その項目が実現されたときに得られる価値やリスク、必要

性などによって決定します。

　それぞれの項目はプロダクトバックログ上で一意な順番を持ち、順番が上位のものから開発します。そのため上位の項目ほど内容が具体的で詳細なものになります。また、計画の際に利用するために、それぞれの項目（とくにリストの上位の項目）は見積もられている必要があります。見積りには時間や金額などの絶対値ではなく、作業の量を相対的にあらわした値がよく使われています。

　プロダクトバックログは、一度作って順番に並べ替えたら完成ではありません。絶えず要求が変わったり、新たな要求が追加されたりします。また作る順番も状況に合わせて変わります。したがってプロダクトバックログは、プロダクトを作っている間はずっと更新を続け、常に最新に保たなければいけません。

　プロダクトバックログの項目の書き方にはとくに決まりはありませんが、ユーザーストーリーと呼ばれる形式で書くことが多いようです。

▶ プロダクトの責任者は誰？

【ロール 1】プロダクトオーナー

- ◆ **プロダクトの What を担当**
- ◆ プロダクトの価値を最大化する
- ◆ プロダクトの責任者（結果責任）で、プロダクトに 1 人必ず必要
- ◆ プロダクトバックログの管理者
- ◆ プロダクトバックログ項目の並び順の最終決定権限を持つ
- ◆ プロダクトバックログ項目が完成しているかどうかを確認
- ◆ 開発チームに相談できるが干渉はできない
- ◆ ステークホルダーとの協業

プロダクトバックログの管理の責任者を**プロダクトオーナー（PO）**と呼びます。

プロダクトオーナーはプロダクトの責任者であり、1プロダクトにつき1人です（合議制の委員会ではありません）。開発チームを活用して、そのプロダクトが生み出す価値を最大化する責任があります。そのためにプロダクトバックログの並べ替えのほかに、次のようなことを行います。

- プロダクトのビジョンを明らかにし、周りと共有する
- おおよそのリリース計画を定める
- 予算を管理する
- 顧客、プロダクトの利用者や組織の関連部署などの関係者と、プロダクトバックログの項目の内容を確認したり、作る順番や実現時期を相談したりする
- 既存のプロダクトバックログの項目の内容を最新の状態に更新する
- プロダクトバックログの項目の内容を関係者が理解できるように説明する
- プロダクトバックログ項目が完成しているかどうかを確認する

プロダクトバックログの作成や更新は、プロダクトオーナー1人ではなく、開発チームらとともに行う場合もありますが、最終的な責任はあくまでプロダクトオーナーにあります。

プロダクトオーナーが決めたことを他人が勝手に覆してはいけません。プロダクトオーナー自身が決めることで、結果に対して責任を持てるようになります。

動作するプロダクトを開発する

【ロール 2】開発チーム

- ◆ プロダクトの How を担当
- ◆ モノを作る
- ◆ 3人〜9人が適切な規模
- ◆ 全員揃えばプロダクトを作る能力が揃う
- ◆ 肩書きやサブチームはなし

　2つめのロールが**開発チーム**です。開発チームの主な役割は、プロダクトオーナーが順位づけしたプロダクトバックログの項目を順番に開発していくことです。

　開発チームは通常、3人から9人までで構成されます。3人未満の場合は、お互いの相互作用が少なかったり、個人のスキルに依存する場合が多くなったりするため、開発チームとして活動した効果が出にくくなります。10人以上の場合は、コミュニケーションコストが増えることによって開発の効率が落ちるため、開発チームを分割してサイズを適切に維持するのが一般的です。

　開発チームは、プロダクトを作るために必要なすべての作業ができなければいけません。たとえば、要求の分析をする、設計する、コードを書く、サーバを構築する、テストをする、ドキュメントを書くといった能力が開発チームの中に必要です。これを**機能横断的**なチームと呼びます。たとえば「要求分析チーム」や「テストチーム」のように、特定のことしか行わない専門のサブチームは作りません。開発チームのメンバーごとにできることが違ったり、能力に差があったりしますが、作業を進めていく過程でなるべく個人が複数のことをできるようになることが望まれ

ます。

　開発チーム内では役職やスキルなどによる特定の肩書きや役割はありません。開発チーム内での仕事の進め方は、開発チームのメンバーの合意のもとで決め、外部から仕事の進め方を指示されることはありません。あくまで開発チーム全体で責任を持って作業を進めます。これを**自己組織化**と呼びます。このように開発チームで主体的に作業を進めることによって、開発チームの能力は継続的に向上していきます。

▶ 短く区切って繰り返す

【イベント 1】スプリント

◯ | 2週間 | 2週間 | 2週間 | 2週間 | 2週間 |

◆ **1 か月までの同じ期間に区切って繰り返す。**
　1 つの区切りをスプリントと呼ぶ

◆ スプリントは、ほかのイベントのコンテナ（入れ物）となる

◆ 期間の長さが変わってはいけない

✕ | 2週間 | 4週間 | 1週間 | 2週間 | 1週間 |

　スクラムでは最長1か月までの固定の期間に区切って、繰り返し開発を行います。この固定の期間のことを**スプリント**と呼びます。

　開発チームはこの期間の中で、計画、設計、開発、テストなどプロダクトバックログ項目を完成させるのに必要な作業すべてを行います。

　このように固定の期間に区切って開発を繰り返すことによって、開発チームにリズムができて集中できるようになり、全体のゴールに対する進捗が把握しやすく

なったり、リスクに対応しやすくなったりします。

　たとえスプリントの最終日に作業が残っていても、スプリントは終了し、期間は延長しません。スプリントの期間は、プロダクトの規模や開発チームの人数や成熟度、ビジネスの状況などを踏まえて決定します。短ければ1週間、長くて4週間と、週単位で期間を設定することが一般的です。

　なお、状況の変化によって現在のスプリントでの作業の意味がなくなった場合は、プロダクトオーナーの判断によってのみスプリントを途中で中止することができます。

頻繁に計画する

　スプリントを始めるにあたっては、まずスプリントで何を作るのか（What）、どのように作るのか（How）を計画する必要があります。計画は、**スプリントプランニング**と呼ばれるイベントで決定します（スプリント計画会議と呼ぶこともあります）。スプリントプランニングに使える時間は、1か月スプリントであれば8時間、スプリント期間が短ければそれに合わせて短くするのが普通です。

　スプリントプランニングでは、2つのトピックを扱います。

	【イベント2】スプリントプランニング
1番目に実現したい	
2番目に実現したい	
3番目に実現したい	◆ スプリント計画会議とも呼ぶ
4番目に実現したい	◆ スプリントで開発をするためには計画が必要なので、スプリントの冒頭で実施する
5番目に実現したい	
6番目に実現したい	
7番目に実現したい	◆ プロダクトオーナーは何をほしいか（トピック1）
⋮	◆ 開発チームはどれくらいできそうか（トピック1）
99番目に実現したい	◆ 開発チームはどうやって実現するか（トピック2）
100番目に実現したい	

1つめのトピックは、スプリントで何を達成するかを決めることです。

最初に、プロダクトオーナーが今回のスプリントで達成したい目的を明らかにします。次に、今回のスプリントでそれを達成するために完成させるプロダクトバックログ項目を選びます。選択する項目は並べ替えてあるプロダクトバックログの上位の項目になるのが一般的です。選択するプロダクトバックログの個数は、それぞれの項目の見積りのサイズや開発チームの過去の実績（これをベロシティと呼びます）、今回のスプリントで作業に使える時間（キャパシティと呼びます）などを踏まえて仮決定します。

また、検討した内容を踏まえて今回のスプリントの目標を簡潔にまとめておきます。これを**スプリントゴール**と呼び、開発チームがなぜここで選択したプロダクトバックログの項目を開発するのかを理解しやすくなります。

このようにプロダクトバックログの上位から順に、今回のスプリントで開発する対象として検討を行うため、スプリントプランニングを開始する前に、プロダクトバックログの上位の項目については事前準備が必要です。準備の内容はさまざまですが、たとえば、項目の中身を具体的にする、項目の疑問点を解決する、項目は何ができたら完成なのか（受け入れ基準）を明らかにする、項目を自分たちが扱えるサイズに分割する、項目を見積もる、といったことを行います。これらの活動のことをプロダクトバックログリファインメントと呼びます（リファインメントと略して呼ぶことも多いようです）。

リファインメントをいつどのように行うのかはスクラムでは定義していませんが、スプリント開始直前だと準備が間に合わない可能性があるため、時間に余裕をもって行います。リファインメントに使う時間はスプリントの10%以内にするのが一般的です。

次に2つめのトピックとして、開発チームがどうやって選択したプロダクトバックログ項目を実現するかについて計画を立てます。つまり選択したプロダクトバックログ項目ごとに、具体的な作業を洗い出すなどして作業計画を立てます。選択したプロダクトバックログ項目と作業の一覧を合わせて、スプリントバックログと呼びます。スプリントバックログは開発チームの作業計画であり、スプリント期間中も自由に作業を追加したり削除したりすることができます。また、個々の作業は1日以内で終わるように分割するのが一般的です。

【作成物2】スプリントバックログ

1番目に実現したい					
2番目に実現したい	作業	作業	作業	作業	作業
	作業	作業	作業	作業	作業
3番目に実現したい	作業	作業	作業	作業	作業
	作業	作業	作業	作業	作業
4番目に実現したい	作業	作業	作業	作業	作業
5番目に実現したい	作業	作業	作業	作業	作業

1番目に実現したい
2番目に実現したい
3番目に実現したい
4番目に実現したい
5番目に実現したい
6番目に実現したい
7番目に実現したい
：
99番目に実現したい
100番目に実現したい

◆ 選択したプロダクトバックログ項目と実行計画

◆ プロダクトバックログを具体的な作業に分割する

◆ 後から増えることもある

◆ 1タスクは1日以内で終わるサイズ

　スプリントバックログを検討した結果、トピック1で検討して選択したプロダクトバックログ項目を完成させるのが難しいと開発チームが判断した場合は、プロダクトオーナーと相談し、選択したプロダクトバックログの項目の一部を外したり、作業計画を検討し直したりすることによって、作業量を調節します。

　注意しなければいけないのは、開発チームはスプリントプランニングで合意した内容を完成させるように全力を尽くす必要はあるものの、計画したことをすべて完成させることを約束しているわけではないという点です。すべての完成を約束してしまうと、見積りが外れたり、難易度が高かったり、不測の事態が発生したりした場合に、開発チームが長時間残業したり、必要な作業を省いたりしてしまうかもしれません。その結果、プロダクトにはさまざまな問題が発生することになります。

　スプリントバックログの項目の担当者を特定の人が決めることはありません。またスプリントプランニングの時点で、すべての項目の担当者を決めるといったこともありません。実際に作業に着手するときに、作業する人自身がスプリントバックログの項目を選択するようにします。

スプリントごとに完成させていく

【作成物3】インクリメント

◆ 開発チームは完成したインクリメントを作成
  • インクリメントとはこれまでのスプリントでの成果と今スプリントで完成したプロダクトバックログ項目を合わせたものを指す
  • リリースするかどうかに関係なく動作して検査可能でなければいけない

　スクラムでは、スプリント単位で評価可能な**インクリメント**を作ることが求められます。

　インクリメントとは、過去に作ったものと今回のスプリントで完成したプロダクトバックログ項目を合わせたものです。多くの場合、動作しているソフトウェアとして提供され、スプリント終了時点で完成していて正常に動作しなければいけません。そのため、プロダクトオーナーと開発チームが「完成」の指す内容について共通の基準を持つ必要があります。これを**完成の定義**と呼びます。開発チームは、この定義を満たしたプロダクトを作らなければいけません。

完成の定義は、品質基準と言い換えることもできます。途中で定義を追加しても
かまいませんが、途中で定義を削ってしまうとプロダクトに要求される品質を達成
できなくなる可能性があるので注意が必要です。

▶ 毎日状況を確認する

スプリントプランニングが終われば、開発チームはスプリントゴールや選択した
プロダクトバックログ項目の完成に向けて日々作業を進めていくことになります。
そこで毎日行われるのが**デイリースクラム**です。

デイリースクラムは、開発チームのための会議です。スプリントバックログの残
作業を確認し、このまま進めてスプリントゴールが達成できるのかどうかを、毎日、
同じ時間、同じ場所に開発チームのメンバーが集まって検査します。日本では、デ
イリースクラムを「朝会」と呼ぶこともありますが、実施時間は朝である必要はあ
りません。

【イベント3】

デイリースクラム

TO DO / DOING / DONE

ゴールの達成に向けて進んでいるか毎日検査する

　デイリースクラムは、開発チームの人数に関係なく、15分間のタイムボックスで行い、延長はしません。

　デイリースクラムの進め方にとくに決まりはありませんが、開発チームのメンバーが以下の3つの定形の質問に答える形で進めることが多いようです。

- スプリントゴールの達成のために、自分が昨日やったことは何か？
- スプリントゴールの達成のために、自分が今日やることは何か？
- スプリントゴールを達成するうえで、障害となるものがあるか？

　これによってスプリントがゴールに向かって進んでいるか、作業の進捗はどうなっているか、メンバー間の協力が必要なことがないかなどを確認します。開発チームによっては、ほかの質問を追加したり、進捗状況を可視化するためにスプリント内の残作業の見積り時間の合計をプロットしたグラフを更新したりすることもあります。

　デイリースクラムは、問題解決の場ではないことに注意してください。開発チームのメンバーが問題を報告した場合は、デイリースクラム終了後に改めて、問題解決に必要な人を集めた別の会議を設定するなどして、15分のタイムボックスを守

るようにします。

　デイリースクラムの結果を踏まえて、開発チームはスプリントの残り時間でどのように作業を進めるかをプロダクトオーナーに報告できるようにしておきます。

できあがったプロダクトを確認する

　スプリントの最後に、プロダクトオーナー主催でスプリントの成果をレビューするイベントを開催します。これを**スプリントレビュー**と呼びます。プロダクトオーナーはスプリントレビューに必要な利害関係者（**ステークホルダー**と呼びます）を招待します。

　スプリントレビューの最大の目的は、プロダクトに対するフィードバックを得ることです。

【イベント4】スプリントレビュー

◆ 開発チームのスプリントでの成果物（**完成したもの**）を関係者にデモする

　・事前に完成したもの、完成してないものを区別しておくとよい

◆ フィードバックを得て、プロダクトバックログを見直す

◆ 全体の残作業や進捗をトラッキングする

◆ 今後の予定や見通しを共有する

◆ プロダクトオーナーが主催

◆ **ステークホルダーに参加してもらう**

　スプリントレビューでは、開発チームがスプリント中に完成させたインクリメントを実際に披露します。これはプレゼンテーション等による説明ではなく、実際に動作する環境を見ながら確認できるようにします。そして、実際に操作しながら参加者に内容を説明したり、実際に触ってもらったりして、フィードバックを引き出

します。なお、スプリントレビューでデモすることができるのは完成したものだけです。そのため、プロダクトオーナーと開発チームとで、スプリントレビューの前までに、完成したプロダクトバックログ項目と完成しなかったプロダクトバックログ項目を明らかにしておくのが一般的です。

　そのほかにスプリントレビューでは、以下のようなことについて報告・議論を行います。

- スプリントで完成しなかったプロダクトバックログの項目について説明する
- スプリントでうまくいかなかったことや直面した問題点、解決した方法について議論する
- プロダクトオーナーがプロダクトの状況やビジネスの環境について説明する
- プロダクトバックログに追加すべき項目の有無について議論する
- プロダクトの開発を進めるうえで問題となる事項について議論する
- 現在の進捗を踏まえて、リリース日や完了日を予測する

　これらスプリントレビューで議論した内容は、必要に応じてプロダクトバックログに反映します。

　スプリントレビューに使える時間は、1か月スプリントであれば4時間です。スプリント期間がそれより短い場合は、スプリントレビューも同じように短くするのが一般的です（例：2週間の場合は2時間）。

▶ もっとうまくできるはず

　スプリントレビューのあとにスプリント内の最後のイベントである**スプリントレトロスペクティブ**を行います。

【イベント5】 スプリントレトロスペクティブ

◆ もっとうまく仕事を進められるようにカイゼンを繰り返す

◆ バグを直すのではなく、バグが生まれるプロセスを直す

◆ 人、関係、プロセス、ツールなどの観点で今回のスプリントを検査する

◆ うまくいったこと、今後の改善点を整理する

◆ 今後のアクションプランを作る

◆ **一度にたくさんのことを変更しようとしない**

　スプリントレトロスペクティブでは、直近のスプリントでのプロダクトの開発に関わる活動において問題がなかったか、もっと成果を出すためにできることがないか検査を行い、次回のスプリント以降のアクションアイテムを決めます。そのうえで、効果のありそうなものから取り組んで、もっと成果を出せるように自分たちの仕事のやり方を変えていきます。

　このように、仕事のやり方を常に検査して、より良いやり方に変え続けていくことはアジャイル開発における重要な点の1つで、スクラムではスプリント単位でそれが行われるように仕組み化されています。

　なお、2017年版のスクラムガイドでは、スプリントレトロスペクティブで出たアクションアイテムのうち最低1つは次のスプリントのスプリントバックログに含めるように明記されています。

　スプリントレトロスペクティブに使える時間は、1か月スプリントであれば3時間で、それより短い期間であれば期間に応じて時間を短くするのが一般的です。スプリントの期間に関係なく毎週スプリントレトロスペクティブを実施する例もあります。

縁の下の力持ち

　ここまで見てきたように、スクラムではプロダクトオーナーがプロダクトバックログを並べ替えて、開発チームはスプリント単位でプロダクトを作っていきます。そのプロセスを円滑にまわして、プロダクトをうまく作れるようにプロダクトオーナーや開発チームを支えるのが、**スクラムマスター**です。

【ロール3】スクラムマスター

- ◆ **このフレームワーク・仕組みがうまくまわるようにする**
- ◆ 妨害の排除
- ◆ 支援と奉仕（サーバントリーダーシップ）
- ◆ 教育、ファシリテーター、コーチ、推進役
- ◆ **マネージャーや管理者ではない**
  - ・タスクのアサインも進捗管理もしない

　スクラムマスターは、スクラムのルールや作成物、進め方をプロダクトオーナーや開発チームに理解させ、効果的な実践を促し、スクラムの外にいる人からの妨害や割り込みからプロダクトオーナーや開発チームを守ります。

　したがって、まだスクラムに慣れていない段階では、スクラムマスターはプロダクトオーナーや開発チームにスクラムのやり方を教えたり、イベントの司会進行を行ったりするような先生役やトレーナーとして振る舞うことが多くなります。このような振る舞いに慣れてきたら、プロダクトオーナーや開発チームの求めに応じて作業を助けたり、よりうまく仕事を進められるようなヒントを与えたりする活動にシフトしていきます。

また、スクラムマスターは、ほかのスクラムマスターと協力しながら組織全体に対して支援を行うこともあります。

　以下は、スクラムマスターがプロダクトオーナーや開発チームに対して行うことの一例です。

- プロダクトオーナーや開発チームにアジャイル開発やスクラムについて説明して理解してもらう
- スプリントプランニングやスプリントレトロスペクティブなどの会議の進行を必要に応じて行う
- プロダクトオーナーと開発チームの会話を促す
- プロダクトオーナーや開発チームの生産性が高くなるように変化を促す
- わかりやすいプロダクトバックログの書き方をプロダクトオーナーや開発チームに教える
- プロダクトバックログの良い管理方法を探す

　スクラムマスターは、仕事を進めるうえでの妨げとなっていることをリスト化して、優先順位をつけて解決の方法を検討し、必要に応じて、しかるべき人に解決を依頼するといったことを行うこともあります。

　ここまでに出てきたプロダクトオーナー、開発チーム、スクラムマスターを合わせて、**スクラムチーム**と呼びます。

まとめ

　ここまで、スクラムの基本構造を項目ごとに見てきました。スクラムに取り組むときには、ここで説明したスクラムの全体像を関係者全員で理解するようにしましょう。

　また、スクラムを活用して良い結果を生むには、スクラムの5つの価値基準を取り入れて実践していく必要があります。

- **確約**：それぞれの人がゴールの達成に全力を尽くすことを確約する
- **勇気**：正しいことをする勇気を持ち、困難な問題に取り組む
- **集中**：全員がスプリントでの作業やゴールの達成に集中する
- **公開**：すべての仕事や問題を公開することに合意する
- **尊敬**：お互いを能力ある個人として尊敬する

　スクラムチーム全体が、単にフレームワークの内容を実行するだけでなく、これら5つの価値基準を踏まえて行動していくことでより良い成果を上げられるようになるのです。

プロダクトオーナー
プロダクトに責任を持ち、プロダクトバックログ項目の並び順を最終決定する

スクラムマスター
スクラムがうまくいくように全体を支援する。外部からチームを守る

プロダクトバックログ
プロダクトの機能や要求事項をリストにする。規模は開発チームが見積もる。項目の実施有無や実施順序はプロダクトオーナーが最終的に決める

完成の定義
何をもって「完成」とするかを定義したリスト

バックログリファインメント
次回以降のスプリントに向けてプロダクトバックログ項目を見直したり、上位の項目を着手可能な状態にしたりする

スプリントプランニング
スプリントのゴールを決めそのスプリントで開発するプロダクトバックログ項目を選択する。また選択した項目を実現するのに必要な作業に分解する

作業
1日以下のサイズ

毎日の
繰り返し

スプリントバックログ
選択したプロダクトバックログ項目と作業計画をあわせたもの

インクリメント
過去のスプリントと今回のスプリントの成果を合わせた動作するプロダクト

開発チーム（3〜9人）
プロダクトの開発を行う。
プロダクトの成功に向けて
最大限の努力をコミットする

ステークホルダー
プロダクトの利用者、
出資者、管理職などの
利害関係者

デイリースクラム
このまま進めてスプリントゴールが達成できる
か15分間で確認し、必要に応じて再計画する。
以下の3つの質問を使うこともある

・スプリントゴール達成のために昨日やったこと
・スプリントゴール達成のために今日やること
・スプリントゴール達成のうえで障害はあるか

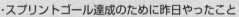

スプリント
最大1か月までのタイムボックス
各スプリントの長さは同一

複数回スプリントを繰り返す

スプリントレビュー
スプリントで完成した動作
するソフトウェアをデモし
フィードバックを得る

スプリントレトロスペクティブ
スプリントの中での改善事項
を話し合い次につなげる

どうやれば
うまくいくの?

実践編では、実際にスクラムで開発を
進めていくうえで、大切にしなければ
いけないことを説明します。
よく出くわすさまざまな場面を題材に、
どのように取り組めば良いのかを
学びましょう。

スクラムで決められているイベントや作成物については完璧にわかったぞ。ロールについても理解できた気がする。これなら部長に色々と聞かれても大丈夫そうだな。じゃあ、そろそろ部長のところに行ってみよう。まずはどんなモノを開発したいのかを詳しく聞いておかないとね。

まず、部長の紹介をしておこう。この人がブチョー。僕たちが所属する開発部署のトップだ。この会社の開発に関しては、割と上の立場にいるんだ。

お!
やぁやぁ

ブチョー
ステークホルダー

開発部署の部長。42歳。
細かいことを気にしない明るい性格が社内外で愛されている。年の割には考え方は柔軟で、部下が育つとして社内でも評判。今回の開発ではボクくんにスクラムをやらせる許可をしたが、あまり深くは考えていない。遠目にチームの成長を見守っている。いい加減かつテキトーな一面も。

ブチョーから早速、今回の開発について色々と聞いてみた。僕たちがこれから作るのは、社内の営業部が使うシステムで、いわゆる営業支援システムと呼ばれているものだ。営業活動を効率化するために、営業活動の日報や商談の進捗を管理したり、得意先情報を見たりするものだそうだ。これは営業マンが外出先で毎日使うものらしい。また、得意先の訪問履歴や商談の進捗状況から商談成立の見込みなどを営業部全体に共有する、なんてこともやりたいそうだ。大昔に自社で作ったシステムがあるんだけど、古くて使い物にならなくなってきているので、新たに作り直すのが今回の目的ってことがわかった。ほかにも色々とブチョーから聞いたことをまとめると、こういう内容らしい。

- 営業部が使っている営業支援システムを新しく作り直したいそうだ。
- 全国の営業部で使っている重要なシステムらしい。
- まずは分析機能といった高度なものは必要ないらしく、外出先で日報や商談の進捗管理や得意先情報の参照などをできるようにしたい。
- なぜか開発はスクラムで進めるようにと会社から指示があったらしい。

　ふむふむ。なんとなく開発したいものがわかったぞ。あとは既存のシステムについての資料を読めばなんとかなりそうだ。これなら、ふだんの開発と変わらずにやれそうだぞ。

　ブチョーにどうしても聞きたかったことがあった。どうして僕が担当することになったんだろう？　答えは簡単だった。「キミがやりたそうにしていたから」。
　たしかに社内ミーティングでの発言も、そういう気持ちのあらわれだったのかもしれない。これまで自分がリーダーとして担当してきた開発では大きな失敗をしたことはなかった。けれど、もっと色々とやれたはずという気持ちがずっとあった。そのために何か新しいことを始めてみたかったんだ。スクラムはそのきっかけになるんじゃないかと思ったから興味を持ったんだ。
　けど、そんな前向きな気持ちもブチョーの「いやー、けど体制図に書いてあるスクラムマスターって肩書きはかっこいいね」という一言で、台無しになりそうになったのは内緒だ。

よし、まずは開発チームに会いに行こう。いよいよ社内初のスクラムによる開発が始まるぞ。今回の経緯については色々と言いたいこともあるけど、僕にとっては新しいチャレンジだ。大役を任されているしがんばるぞ!! なんか楽しくなってきた。

さて、新しいスクラムマスターがこの現場にも登場したみたいだ。これから彼と一緒に、スクラムに取り組むとはどういうことなのかを学んでいくとしよう!!

▶ **登場人物紹介**

スクラムマスター

ボクくん
（4ページ参照）

プロダクトオーナー

ボクくんの同期で入社3年目の24歳。営業職を希望して社内転職制度により営業部に異動した。今は営業事務として、営業のことを楽しく勉強中。最近は営業部全体の活動にも興味津々。

キミちゃん

開発チーム

入社4年目の26歳。開発チームの兄貴分的な頼れる存在。自分で手を動かすのが得意で現場が大好き。実はリーダーと呼ばれるのは苦手で、あまりやりたくないらしい。

サブリーダーさん

慎重派くん

ボクくんとキミちゃんと同期の入社3年目で24歳。技術力は一目置かれており、オシャレより開発が大好き。頭はキレるが人の話を最後まで聞かないことも。口癖は「はいはい、はあくはあく」。

はあくちゃん

入社4年目の26歳。一見明るくて軽く見られるが、慎重な性格。後ろ向きな発言が多いが、意外なところで重宝されていたりする。

中途入社の28歳。システムの使い勝手や見た目にこだわりを持っていて、ふだんは寡黙だが、ここぞというときにユーザー目線の鋭い指摘をする。内向的でチームワークは苦手。

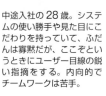

UXさん

新卒1年目の最若手。23歳。新しいモノが大好きで、社外の勉強会で発表したり、技術系情報をブログで発信したりしている。最近は自宅でスマートフォンアプリを作るのがブーム。

モバイルくん

バッチくん

入社2年目の24歳。保守運用経験が多く、ステージング・本番環境のセットアップなど、インフラ周りの作業をよく任されている。本人はもっとプログラムをバリバリ書きたいらしい。

ステークホルダー

営業部を統括している41歳。おそらく社内で一番忙しい人。仕事がデキると評判だが、社内では怖いステークホルダーとしても有名。発言力の大きさと同じくらいに声も大きい。

ブチョー
(32ページ参照)

営業部長

ロールを現場にあてはめる

プロダクトオーナーは誰だ!?

意気揚々と開発チームのもとに向かうボク。
さて、すんなりと開発を始めることができるかな?

開発フロア

へー、ここが
開発チームの
部屋か

あっ
こんにちは

ガチャ…

ボクさん、
リーダーなんすね

いや、今回は
スクラムだから
スクラムマスター
なんだよー

スクラム、知ってますよ。
プロダクトオーナー
っていう人が
いるんですよね

同じ本
持ってる
のか

も……
もちろんさ!
いるとも

あとで
紹介するよ

あはは…

さて困ったぞ。プロダクトオーナーって…

プロダクトオーナー？よくわからないし誰か推薦してよ

ブチョーに聞いてもダメだ……

ブチョー

営業部長がいいんじゃないの？でも彼は忙しいからな～

××さん
○○さんから……

営業部

もしもし……

うーん、ほかの人も忙しすぎてムリか……

やめたよー！

情シス

すみませ～ん。前の担当者の……

プロダクトオーナーの適性っていうのはたしか……

何を作るのかわかっていて……ユーザーのこともわかっていて……

営業の仕事にも興味を持っていて

僕や**開発チーム**とよく話ができる……

▶ ロールはただの目印なんだ

スクラムは、開発を実際に進めていく人たちを3つの役割（ロール）に分けているんだ。

- プロダクトオーナー
- 開発チーム
- スクラムマスター

プロダクトオーナーは、何のために何をどういう順番で作るかを考える人だ。もちろん、作るものは良いものにしないといけない。実際の利用者から高い評価をもらえたり、顧客や自分たちのビジネスに貢献するために必要なことをやっていく。ただし、使える予算や期待されるリリース日といった制約の中でそれをやらなきゃいけない役割だ。

開発チームは、プロダクトオーナーが実現したいと思っていることを、実際に作る人たちのことだ。どうやって作るかは開発チームに任されている。コードを書くだけでなく、要求を聞き出したり、見積もったり、設計、画面デザイン、テストをしたり、さらには作ったものをデモしたりするとか、必要な作業をすべてこなしていく役割だ。

スクラムマスターは、プロダクトオーナーと開発チームがスクラムで開発をうまく進められるようにする人だ。スクラムで決められていることをみんなにただ守ってもらうだけでなく、スプリントレビューを進められるように支援する。もし、何かうまくいかないことがあって仕事が円滑に進んでないのなら、それを取り除く役割だ。

スクラムで開発を進める場合には、開発リーダーやシニアエンジニアといった役職や肩書きを持っている人も、必ずどれかのロールに当てはまる。そして、全員のことを指してスクラムチームと呼んでいる。

うーん、プロダクトオーナーには 誰がなるといいんだろう？

　じゃあ、それぞれのロールにはどういった人を当てはめるといいのだろう。それには、それぞれのロールがどういうことをしていくのかを知っておく必要がある。ここではまず、プロダクトオーナーを例に考えてみよう。プロダクトオーナーの作業にはこんなものがある。

- 開発していくもののビジョンを伝える。
- スクラムチームで達成していきたいゴールを伝える。
- 具体的に何を実現してほしいかを伝える。
- どれを優先して実現させていくと良いものになるかを決める。
- どう実現すると良いものになるかを考えて、最終的な判断をする。
- 決定に問題がないかを関係者（ステークホルダー）と合意しておく。
- 予算や期間のような制約を守るために必要なことを調整する。
- 関係者の協力をとりつけ、調整する。

　日々、プロダクトオーナーはこうしたことをやっていく。いわゆる要求や仕様、計画といったことに深く関係する作業を行っていくんだ。

各ロールがふだんどういう作業を するのかを知っておくのか

　では、プロダクトオーナーはどうやって見つけよう？　スクラムは認定制度や研修といったものが整っている。認定資格を持っている人や何らかの研修を受けてきた人なら、プロダクトオーナーについての基礎的な知識があるので抵抗も少ないだろう。それから、スクラムに限らず、アジャイル開発でよく使う方法に慣れている人だと心強い。たとえばスクラムでは、実現したいことをユーザーストーリーっ

ていう書き方で開発チームに伝えることが多いんだけど、そういったことが上手に
できる人だ。

　もし、そういう人がいないなら、プロダクトオーナーのふだんの作業に近いこと
をやってきた人もいいだろう。たとえば、開発の状況をもとに計画の微調整をする
とか、いろんな意見を整理してその結果をエライ人に報告するようなことをやって
きた人だ。

どういう人を見つけてくれば いいのかな？

　けれど、それぞれのロールに適任かどうかの最も大事なポイントは、そのロール
で求められていることに一生懸命取り組んでくれるかどうかだ。たとえばプロダク
トオーナーであれば、自分たちが作っていくものがどうすれば少しでも良くなるか
を熱心に考えてくれる人だ。近くに「もっとこうしたら良いものになるのに」とい
つも口にしているような人はいないだろうか？　実はそういう人が適任なんだ。そ
の人なら実現したいことの明確なイメージを持っているだろうし、どっちの仕様が
いいかといった判断も迅速にやってくれる。

　もし、そういう熱意のない人がプロダクトオーナーだったら、どうなるんだろ
う？　プロダクトオーナーがなんとなく思いついたことを実現するために、開発
チームは数週間を費やすかもしれない。そしてできあがったものを見て、結局やり
直しになるかもしれない。どっちの仕様にしたほうがいいかを考えてほしいとお願
いしても、なかなか的確な答えが返ってこないかもしれない。そんなふうにスクラ
ムチームの大事な時間やお金を使っていて大丈夫なはずがない。

　ほかのロールについても同じだ。スクラムマスターには、もっとうまく仕事を進
められるようにしたいと考えている人や、裏方となってみんなを支えることに熱意
のある人がなるべきだ。開発チームだって、決められた仕様通りに作っていくので
はなく、技術的な観点でどうやるとより良いのか常に考えてくれる人たちを集めれ
ば、スクラムチームはより強くなる。

ロールが求めることに熱心に
取り組んでくれる人を探すのか

　もちろん、スキルとかこれまでの業務経験みたいなことも大事ではある。たとえばプロダクトオーナーなら、マーケットのことを知っていればそれはとても強い武器になる。また、関係者の合意を得るためには、ある程度の権限や肩書きのようなものも有効に感じるかもしれない。実際にそういった面が足りていないことが開発に悪い影響をおよぼすこともある。たとえば、この仕様が一番いいと思っていても、スクラムチームの外にいる声が大きくて力の強い人たちの手によって覆されてしまうなんてこともあるだろう。しかし、多くの合意を得られるほどの影響力がある人が、常に開発に関われるほどの時間を取れるんだろうか？

　実際の現場には、それらをすべて満たすプロダクトオーナーなんていない。もし、何かが足りていなくて困っているなら、それを解決すればいいんだ。

スキルとかが足りていないときは
どう解決すればいいの？

　もし、外部への発言力が弱くてなかなか合意が得られないことで困っているなら、自分たちの周辺にいる発言力の強い人ともっと協力できないか考えてみよう。もしかすると、その人はさらにほかの人に説明をしなければいけない立場なのかもしれない。その場合は、その説明のための資料や報告書といったものをスクラムチームが作るだけで、その問題は解決するかもしれない。

　また、スクラムやアジャイル開発に関する知識が乏しくて困っているなら、研修を受けられるように会社に掛け合ってみるのはどうだろう？　また、スクラムやアジャイル開発のコミュニティが開催している勉強会やカンファレンスなどにスクラムチームで参加してみるぐらいはできるだろう。

　具体的に何かが足りていなくて困っているのなら、スクラムチーム全体でどうやって補っていくかを考えていけばいい。だけど、そもそも熱意を持っていないと

したら、それを補うのは一番難しいことなんだ。

うまくできていないことは
スクラムチームで補っていけばいいんだな

　実際の現場でロールを当てはめようとしたときに、その人の肩書きを見て適任だとか不適任だとか決めつけてはいけない。「要求の決定は企画担当者の仕事だからプロダクトオーナーだ」とか、「開発全体を見てきた開発リーダーやマネージャーだからスクラムマスターにしよう」とか。こういう決めつけは、よくやりがちだ。けれど、その人がどのロールに適任かは別の話なんだ。

　ロールは、スクラムチームの中で誰が責任を持って取り組んでいくかをわかりやすくするためのものだ。誰よりも良いものを作ることを考えているのが誰なのかを全員がわかるための目印として、プロダクトオーナーと名乗ってもらうんだ。ロールは肩書きや役職とはまったく別のものだと考えよう。

ロールは単なる目印なのか

　もし新しく開発を始めるときに適任の人がいるなら、ぜひその人に参画してもらおう。開発に関わる人の体制図みたいなものが形式上必要なら、表面上は開発者という肩書きでもなんでもかまわない。開発に関わる人同士で誰が適任かを話し合って、その中から決めてしまおう。スクラムではロールの兼任は禁止されていないので、人数が足りなくてもロールを決めることはできるはずだ。

　ただし、ロールを兼任すると、今はどのロールで行動しているのかがわかりにくい。混乱することも多いし、それぞれのロールに集中できる時間も減るので注意しよう。

じゃあ、僕がプロダクトオーナーを
やってもいいのかな？

　とくに、プロダクトオーナーとスクラムマスターを兼任するのは絶対にダメだ。プロダクトオーナーは作るものをより良くすることに注力しないといけないので、開発チームに、もっとたくさん作ってほしいとかもっと作りこんでほしいというプレッシャーを無意識のうちにかけてしまうかもしれない。一方で、スクラムマスターは円滑に仕事を進めていきたいので、開発チームが無理している状態を見すごすわけにはいかない。無理をしている状態が続けば、長期的にはうまくいかなくなってしまうからだ。このように思惑が相反するロールを兼任してしまっては、兼任している本人でさえどこでどんな行動をするべきか悩んでしまうだろう。

　プロダクトオーナーとスクラムマスターというロールが明確に分けられているのは、こういうバランスをうまく取っていくためなんだ。だから、プロダクトオーナーとスクラムマスターの兼任はダメだと覚えておこう。

スクラムマスターとプロダクトオーナーは
方向性が違うから兼任しちゃいけないんだ

　じゃあ、そろそろ「ボク」がプロダクトオーナーを見つけられたか、見てみようか。

情熱を持っているといえば

営業部に志望して異動した同期の子がいるじゃないか!!

アレ……?

問題もわかってて！

営業の仕事に詳しくて！

僕らと対等に話ができて！

あっ、ボクくん！

あっ、キミちゃん!! 探してたんだよ〜!!

はあ？

きっ、きみこそが……

今日から**プロダクトオーナー**だ！

遠慮がちなプロダクトオーナー

初心者プロダクトオーナーでも遠慮せずにチームと接しよう。

プロダクトオーナー　　　　　　開発チーム

プロダクトオーナーになって日が浅い場合、開発チームに対して遠慮がちになってしまい、思い通りに開発を進められないもどかしさに悩む人もいるでしょう。

差し込みなどさまざまな理由でリリースを予定していた日から遅れてしまっている場合、プロダクトオーナーはどのように振る舞うとよいでしょうか？

スクラムで仕事をすることに慣れていれば、ふだんのコミュニケーションでうまく軌道修正ができる場合もあります。しかし、そうでない場合は、差し込みをずるずると受け入れてしまい、チームのパフォーマンスが下がったところからなかなか抜け出せないという状態に陥ってしまいます。

そんなときは、プロダクトオーナーとしての経験が浅くとも、勇気を持って開発チームに意見をぶつけてみましょう。

「この差し込みは本当に今のタスクより優先すべきことなのか？」
「一度にリリースする機能が大きすぎないか？　もっと小さく試す方法はないか？」といったように、小さな疑問、違和感でもまったく問題ありません。

このような意見を遠慮せずに言えるコツは、プロダクトオーナーの役割である「プロダクトの価値を最大化すること」、すなわち「ユーザーにどうしたら素早く高い価値を届けられるか」を常に意識し続けることです。

開発チームの意見を尊重することも大事ですが、プロダクトオーナーとして言いにくいことでもしっかり伝えていくことが重要です。開発チームに要求することができるのはプロダクトオーナーだけですから、遠慮してしまっていると感じる人は接し方を見直してみましょう！

（飯田 意己）

どこに進んでいくの？

どこを目指すのかを理解する

プロダクトオーナーが見つかり、スクラムチームができた。
まずは今回の開発について説明があるみたいだ。

じゃあ、まず**何を作るのか、説明を**お願いしまーす

えっ
僕が
するの？

えー

あ、じゃあ
要件を教えて
くださーい

……

ちょ……
ちょっと
待って

あ、でも、今回は
営業支援システム
の作り直し
ですよね

よゆー
じゃん

データも
移行するし
完コピすれば
いいんじゃ
ない？

ちょっと
面倒っすね

いやいや

そもそもミドルウェアの
バージョンあげる
だけじゃ
なかったっけ

どこに向かうのかを知っておこう

スクラムで開発を始めるには、プロダクトバックログが必要だ。開発チームは、ここに書かれている一つひとつの項目を順番に実現していく。ではプロダクトバックログにはどういうことを書けばいいんだろう？　また、項目の並び順は何を基準にすべきなんだろう？

スクラムではプロダクトバックログの項目を1つずつ終わらせながら、開発を先に進めていく。つまり、スクラムチームで進んでいく先とプロダクトバックログは密接に結びついているんだ。だから進んでいく先のことをよく知っていれば、プロダクトバックログはうまく作れるはずだ。そのためには、スクラムチームに期待されている2つのことを知っておく必要がある。

- どういうことを実現するのか（ゴール）
- 絶対に達成したいことは何か（ミッション）

ゴールとはすなわち、スクラムチームが実現するものに対してどういう期待がかけられているかだ。それ相応の理由があるから複数人のスクラムチームで協力しながら開発する必要があるはずなので、その期待に応えないといけない。たとえば、自社の製品はまだまだ魅力が足りないので、ライバル製品と同じような機能は最低限揃えたい、とかいったものだ。

一方ミッションとは、スクラムチームで絶対に達成したいことだ。達成しないとわざわざ時間をかけて開発をする意味を成さないこと、たとえば、半年以内にリリースしないと大々的にアピールするチャンスを失う、とかだ。

もちろん、こういうことはスクラムなのかどうかに関係なく、何か開発を進める前に知っておかないといけない大切なことだ。

**スクラムでも開発を進めるためのゴールや
ミッションはとても大事なんだ**

では、スクラムではどうやってゴールやミッションについて考えていくのだろ

う？　ゴールとミッションに深く関係してくるのは、プロダクトオーナーだ。プロダクトオーナーは、ゴールやミッションを達成するために、プロダクトバックログを管理しなきゃいけない。だけどスクラムは、スクラムチームでふだんの開発をどう進めていくかについて焦点を当てているので、開発を始める前に必要な活動については触れていない。それを補うための活動として、インセプションデッキを紹介しよう。スクラムのルールには含まれていないが、期待されているゴールなどを明確にするためによく使われている。

　インセプションデッキは、何かの開発を始める前に明らかにしておくべきことを知るために行う。明らかにすべきことが10個の質問という形でまとめられていて、それぞれの質問についてスクラムチーム全員で話し合う。話し合って明らかになったことは、プレゼン資料のようなスライドにまとめていく。もちろんその中には、ゴールとミッションについての質問も含まれている。

　ここでは10個の質問のうち、ビジネス上のゴールについての質問「エレベーターピッチ」と、ミッションについての質問「我われはなぜここにいるのか」を紹介しよう。それぞれのスライドは次のような感じになる。

エレベーターピッチ

- [最新情報をもとに効率よく営業活動を] したい
- [ずっと外出している弊社の営業マン] 向けの、
- [New営業支援くん] というプロダクトは、
- [営業支援システム] です。
- これは [外でも簡単に操作すること] ができ、
- [既存のシステム] とは違って、
- [外出先でアクセスしやすい方法がいくつか提供され、最新の情報をいつでも参照・更新できる仕組み] が備わっている。

作るものに予算がつくほどの大きな期待がかけられている理由を知るための質問だ。どんな人に向けたもので、どんなことができるものなのか。そして、それはすでにあるほかのものと違って、どういう利点があるのか。そして、これによってどんな期待がかけられているのかを知ることができる。

我われはなぜここにいるのか

- 全支店で最新情報を入力してもらえるように外出先でまともに使えるシステムにする
- 半年後に開発人員が他で必要なので、それまでに終わらせる
- 社内でスクラムでの開発実績をつくる

外でまともに使えるシステムにする

「我われはなぜここにいるのか」は、達成しないとスクラムチームの存在意義が失なわれてしまう理由を明らかにする質問だ。スクラムチームの周辺にいる人たちは、それぞれ思い思いの期待がある。その期待すべてに応えていくのはとても大変だ。また、期待される内容にも重要なものとそうでないものがあって、その違いがもとになって混乱を招いたりする。では、さまざまな期待のうちどれを達成すれば、スクラムチームでやった仕事がうまくいったと判断できるのだろう？ それを知るために、重要と思われることを3つに絞って列挙し、その中でも絶対に死守したい最も重要なことを1つ決める。

これってどうやって作るの？

じゃあ、インセプションデッキを実際に作ってみよう。

まず、ゴールやミッションなんて、スクラムチームの全員が知っているわけではない。だから、ゴールやミッションを詳しく知っている人に叩き台を作ってもらおう。もしそういった人が誰もいないなら、必要な情報を集めるところから始めよう。そうしてできあがった叩き台をもとに、スクラムチームで話し合おう。まずは疑問や気になる点がないかを確認して、それをきっかけに何がよくわかっていないのかをはっきりさせるんだ。叩き台に書かれている内容があいまいだったら、相談しながらより具体的なものにしていこう。ある程度形が見えてきたら、スライドにまとめて終了だ。これを質問ごとに繰り返せばいいんだ。

なんか注意する点とかあるのかな？

全員で話し合うのに慣れていないといった理由で発言がほとんど出ないようなら、まず各自で付箋に質問や気になることを書き出してみよう。言い出しにくいようなことが実は重要なことも多いので、それぞれが思っていることをたくさん表明して集めるのが大事なんだ。

反対に、話し合いが紛糾して収拾がつかなくなったら、いったん仕切り直したほうがいい。準備してきた叩き台が不十分で、あいまいなことが多すぎる可能性がある。その場合は、みんなを集めて話し合うにはまだ早かっただけなので、叩き台を作り直してみよう。もし1枚のスライドを作るのに時間を使いすぎることが多いなら、制限時間を設けておくといいだろう。みんなでスライド1枚を完成させるのにかかる時間の目安は、長くても1時間半ぐらいだ。それより時間がかかったら、まだ続けるか仕切り直すかを考えてみよう。

インセプションデッキ自体は、スクラムやアジャイル開発とは関係なく使える。もし、あなたの現場がインセプションデッキという言葉に抵抗があるのなら、「みんなで確認しておきたい大事なことがある」とだけ伝えて、必要な関係者を集めてやってみるといいだろう。

ちゃんとスライドを作って
説明すればいいんじゃないの？

　こうした活動を通じて、開発を進めるうえで大事なことをより詳しく正確に知っておくのが大切だ。どうしても、一方的に説明を受けただけでは不十分なんだ。聞いた内容を誤解しているかもしれないし、気になることがあっても言い出せないかもしれない。そもそも、みんなそれぞれに疑問や不安を抱えたままでは、みんなで協力してゴールやミッションを達成していくなんてできない。だから、スクラムチームの全員が、不安を持たなくなるぐらいまで自分たちの向かう先について知っておくことが大事なんだ。そのためにみんなで集まって話し合うんだ。

　もちろん、インセプションデッキをやれば大丈夫というわけではなくて、単なる話し合いの機会を提供しているにすぎないことには注意しよう。たとえば、形だけみんなが集まっても、誰もが不安を抱くような漠然としたゴールを前に、何も言い出せないのでは意味がない。おそらく取り返しがつかない時期になってから、大変だと騒ぐハメになるだけだ。そうならないためにも、みんなが思っていることを話し合っておくことが大切なんだ。

スクラムチームみんなで
話し合うのが大事なんだね

　もしスクラムチームが自分たちに期待されている大事なことについてあまり知らないと、どうなってしまうんだろう？　とくにスクラムでは、ゴールやミッションを常に強く意識しながら行動することが重要だ。たとえば開発チームは、ゴールにより近づくためにどういう作業を優先すべきかを毎日考える。プロダクトオーナーは、ゴールやミッションを守れそうかを考えながら、できあがったものがゴールやミッションを達成できそうかを判断したり、プロダクトバックログの順番を並べ替えたりし続ける。それに、ゴールにより近づくために必要なことを思いついたら、誰だってプロダクトバックログに追記できるんだ。だから、ゴールやミッションを

正しく知っておかないと、毎日の作業さえうまく進めることができないんだ。

スクラムチーム全員が開発をうまく進めるために必要なことについて十分知っておくのか

さらには、ゴールやミッションを知っておくだけではまだ足りない。自分たちの開発をうまく進めるために知っておくべきことや、全員で話し合っておいたほうがいいことはもっとたくさんある。たとえば、どういうリスクを抱えているかを知らないと、何に気をつければいいのかがわからないし、重要なステークホルダーは誰なのか、スクラムチームの周辺にはほかにどういう人がどれくらいいるのかといったことも重要だ。

今回はインセプションデッキの中から2枚のスライドだけを紹介したが、インセプションデッキには、スクラムチームが開発を進めるうえで大事なことを知るのに役立つスライドがまだまだある。スライドのテンプレートはここで公開されているので、ぜひ活用しよう。

- 参考URL
  https://github.com/agile-samurai-ja/support/tree/master/
  blank-inception-deck

開発を進めるうえで大切だと思うことは何でも話し合っておけばいいんだな

じゃあ、そろそろ「ボク」たちのスクラムチームが、自分たちが向かう先について正しく知ろうとしているかを見てみよう。

はーい

既存の
システムで
一番困って
いることは
何ですか？

って書いた

皆営業さんて外にいることが多いのに社外からだと使いにくいからって使ってくれなくて部長は状況がわかりづらいってもーっと困ってるんですだから私もいつも

わかりました!!
たしかに使いにくそう……

だったら
スマホ対応
っすね

外でも使える
ようにしたほうが
いいと思います

あれはそんなに
重要じゃないです
あると
うれしいかなー、
ぐらい

あ、あと
あの商談分析って
いうのが
どのくらい重要かも
気になっています

大丈夫
っぽいね

伝わった
かしら？

じゃあさこれはこうで……

はぁく
はぁく

55

プロダクトバックログを作る

いつ頃終わるんだい!?

スクラムチームで達成すべきゴールもわかってきた。そんなある日、ブチョーから呼び出された。なんかイヤな予感がするぞ。

インセプションデッキとかいうやつ見たよ

お！やあやあ

開発の概要みたいなやつ

あ、あれでブチョーの認識と合ってましたか？

ありがとうございます

いや、それが

アブナかったわー

営業部長あんなこと考えてたんだな知らずにやっていたらまた怒られるところだったよ

で、結局営業部長に予算は足りるかって言われているんだけどなんて答えとけばいいかな？

だから結構ツンでたんだよね

コレ

仏像みたい だ……

えーっと……

そうです
ねぇ……

この本だと
お金の話とか
書いてないし

Scrum
Boot
Camp

あ、
そうだ
忘れてた！

今回の
開発チームは
次の新規開発を
担当することが
決まっている
からね

半年後だよ
例のやつやっと
動き出したから
まあさすがに
それまでには
終わるよね

えっ！
いつですか

それに
ついては
今ちょうど

**スクラム
チーム**で
検討している
ところなんで

ヤバイ……
適当なことを
つい……

え、
ボクくんが
考えるんじゃ
ないの？

まあ いいや

じゃあ、
あとで
答えちょう
だい

はあ、
はい
……

ボクさん
暗！

ヤバイ
ヤバイ

ちょっと
みんな……
集まってー

ガチャ

ヤバイ……

大丈夫だと思える見通しを立てる

　開発を始めるときに気になることがいくつかある。たとえば、いつまでに何が終わるのかとか、絶対に必要だと考えているものがこの人数で本当に手に入るかということなんかがそうだ。残念ながら、それを100％大丈夫だと約束するのは、スクラムでも不可能だ。けれど、これで大丈夫そうだと思える今後の見通しを立てることならできる。こういう見通しを立てないまま、スクラムだからなんとかうまくいくだろうと思い込んで進めてしまうのは、とても危ないことなんだ。最初のリリースを3か月と予想したのに、気がつけば1年過ぎてもリリースできないなんてことも実際にある。見通しが大事なのは、スクラムかどうかにかかわらず大事なことだ。

スクラムでもやっぱり今後を見通すことは大事なんだね

　そして、その見通しを立てるためには、今後の開発についてわかる計画が必要だ。それがあれば、本当にリリースできそうな日がいつかってことや、リリースに向けてどこまで進んでいるかってことがわかってくるだろう。スクラムでは、プロダクトバックログがこの先の計画を知るための道標になる。

　プロダクトバックログは、実現したいことがすべて書かれている一覧だ。開発チームは、ここに書かれている項目（プロダクトバックログアイテム）を実現していく。そこにはリリースに不可欠と思われる項目や、できれば実現してほしい程度のものも書かれている。実現したいことを列挙しただけの一覧だけど、プロダクトバックログを見ればさまざまなことがわかってくるんだ。最初のリリースがいつ頃になりそうか、何をどこまで含められそうか、何が終わったのか、今どこまで進んでいるのか。つまりプロダクトバックログは、計画についてのさまざまなことを把握するための重要な一覧なんだ。

　実際に計画について考えるためには、各項目の見積りが必要になるんだけど、それはあとのシーンで説明しよう。

実際のプロダクトバックログって どんな感じなの？

　ではいったい、プロダクトバックログってどんなものなんだろう。スクラムで
は、機能・要求・要望・修正事項など必要なことが全部含まれるとされているが、詳
細なフォーマットは定めていない。たとえば、次のようにほしい機能を列挙したよ
うなものもプロダクトバックログといえる。

機能	目的	詳細	見積り
営業日報入力機能	最新の情報をもとに営業戦略を考えたい	日単位で訪問先、日時、担当者、案件情報を入力する	
ログイン機能	機密情報なので利用者を制限したい	全正社員が社員番号とパスワードで認証する	
取引先検索機能	事前情報を持った状態で有利にやり取りしたい	業種、会社名、会社規模、重要度などで取引先を検索する	
・・・・・・			

　ほかにも、プロダクトバックログの項目をユーザーストーリーという形式で書い
ているスクラムチームも多い。ユーザーストーリーは実際に使うユーザーに何を提
供して、その目的は何なのかを簡潔に書くやり方だ。ユーザーストーリーで書いた
プロダクトバックログは次のようなものになる。

ストーリー	デモ手順	見積り
外出先の営業マンとして、毎日訪問先の状況を記録したい。それは最新の状況をもとに営業部として戦略的な営業活動をしたいからだ。	XXX社の記録ページを表示して、訪問日時と訪問者、商談状況、報告内容を入力して記録ボタンを押す。確認画面にユーザー名が・・	5
利用者を制限したい。それは機密情報を正社員のみに開示したいからだ。	未ログイン状態でアクセスするとログイン画面が表示される。キミちゃんの社員番号とパスワードを入力して・・・	3
営業マンとして、取引先についてさまざまな観点で探して、詳しい内容を知りたい。それは取引先とのやり取りを優位に進めたいからだ。	トップページから検索タブを押すと検索画面が表示される。検索条件として会社名、業種、資本金、住所・・・	3
・・・・・・		

この章では、最初のプロダクトバックログを作るやり方について考えてみよう。ユーザーストーリーについては、シーン16（p.176～）で説明しよう。

最初に作るときに注意することってあるのかな？

スクラムでは、プロダクトバックログに含まれる項目を順番に終わらせていく。スプリントが始まったあとも、状況に応じて、プロダクトバックログの項目を増やしたり減らしたり、書き直したりもできる。けれど、そもそものゴールに深刻な影響を与えるような重要な項目があとからどんどん追加されていくと、どうしようもなくなってしまう。そうならないために、実現したいことに大きな漏れがないようにしておくんだ。こうしておけば、開発を進めるうえでの見通しは大丈夫だと思えるだろう。

最初に重要な項目が
漏れないようにしていくのか

　そのためのやり方を1つ紹介しよう。スクラムチームみんなで、プロダクトバックログに含めたほうがいいと思う項目を付箋などに書き出していくんだ。さまざまな人のいろんな視点で洗い出すことで、致命的な漏れをなくすのが目的だ。

　そのときには、スクラムチームで達成すべきゴールや開発して実現していくものの概要がわかる資料を持ち寄ろう。たとえば、インセプションデッキや既存のサービスやシステムの機能一覧などだ。こんなものがほしいという手書きのデッサンなど、今から実現しようとしているもののイメージを明確にするのに役立つものなら何でも持ってこよう。それをもとに、ゴールを達成するために必要だと思うものや、やっておいたほうがいいと感じるものをとにかく書き出していく。ここで大事なのは量だ。周りから期待されているリリースまでには期間的に厳しいかもしれないといった先入観は取り払ってみよう。

さまざまな視点で洗い出すことで
致命的な漏れをなくすんだな

　十分に洗い出せたら、次はその一つひとつに順序をつけていこう。出てきた項目を縦一列に並べるだけだ。開発チームは、プロダクトバックログの項目をその並び順にしたがって次々と実現していく。早く実現したい項目であれば、順序は上のほうになる。最初のリリースに必ず含めたいようなものがそれだろう。逆に、余力があれば実現する程度のことは下のほうでかまわない。では、どうやって順序を決めて並べていくのだろう。

自分たちだけでどれが重要かとか
わかるのかなー

　こうした順序をスクラムチームで決めるのは難しそうだからと、ステークホルダーなどに決めてもらいたいと思うかもしれない。だけど、詳細に順序をつけることにステークホルダー自身が慣れていなくて決められなかったり、なぜそういう順にしたのかをスクラムチームが理解できなかったりする。また、本当は開発をうまく進めるためには別の順序のほうが良いと思うこともあるだろう。これでは自分たちが大丈夫と思えるような見通しは立たない。自分たちで順序をつけることで、自分たちが大丈夫だと思えるものにするんだ。そのために必要な情報が足りないなら、まずは情報を集めるところから始めよう。

プロダクトバックログの順序は
スクラムチームが考えるのか

　順序をつけるのもそんなに難しいことじゃない。まずは大雑把に分類してみよう。このぐらいでかまわない。

- 超重要
- 重要
- ふつう
- あればうれしい

　たとえば、ユーザーに大々的にアピールしたい目玉の機能は「超重要」に分類しよう。また、その機能がなければ、多くの人の業務が止まってしまうようなものも「超重要」だ。一方で、より使い勝手を良くしたいという要望は、どれくらいの人に喜んでもらえるかによって分類が変わってくる。また、目立たないが必要不可欠なものも忘れてはいけない。たとえば、ユーザーにお金を払ってもらう場合には、

どういう決済や課金の仕組みがいいのかを早いうちに確認しておくことも重要だ。目玉となる機能だけが重要ではないんだ。こういうことを見逃さないために、スクラムチーム全員で考えよう。

　それから、開発をうまく進めるために優先しておきたいことも明らかにしよう。たとえば、アーキテクチャの妥当性を検証できる機能やまだ不安のある技術要素を試すことができる機能などだ。このように、開発チームの観点でリスクを軽減できることなどがあれば、それを確かめる項目は重要だ。また、ユーザーを管理するような機能も実は重要だ。これから何度もデモをしていくので、デモ用のユーザーを簡単に追加・修正するのに使える。もちろん、このように開発を進めるうえで優先したいものがなんでもかんでも重要というわけではないので、話し合って決めていこう。たとえば「開発するうえで優先したいもの」という分類を設けて、何を優先したいかを明らかにするところから始めてもいいだろう。

開発をうまく進めるために優先したいものも重要な場合があるんだな

　あとは分類ごとに一列に並べていけばいい。おそらく「超重要」「重要」「ふつう」「あればうれしい」の順になるだろう。「開発するうえで優先したいもの」の中身が最低限のものだけなら、最初に終わらせてしまってもいい。

　縦一列に並べたら、開発を始めてすぐに着手しそうなところまでの順序をもう少し考えてみよう。

　どっちが本当に重要なんだろう？　その理由はなんだろう？　開発するうえでどっちを優先したいのだろう？

　それらを明らかにしながら並び替えをしよう。これで最初の数スプリントは不安なく進めることができる。スクラムではこの並び順に責任を持つのはプロダクトオーナーだ。最後に上から順に見直してプロダクトオーナーが太鼓判を押そう。ここまでできれば、最初のプロダクトバックログは完成だ。

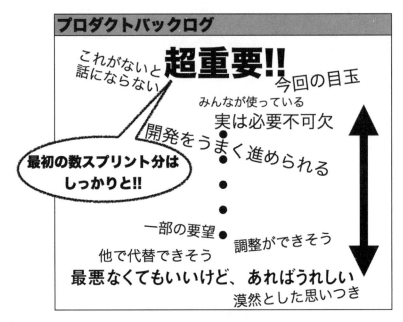

プロダクトバックログ

これがないと
話にならない

超重要!!

今回の目玉

みんなが使っている

実は必要不可欠

開発をうまく進められる

最初の数スプリント分は
しっかりと!!

一部の要望

調整ができそう

他で代替できそう

最悪なくてもいいけど、あればうれしい

漠然とした思いつき

全体は大雑把な順序をつけておいて、直近は詳細に順序をつけるのか

　こうして大まかな順序をつけることで、これからの開発をどのように進めていくかという全体の流れがわかる。何を重要だと考えて、どれを先にやるつもりなのかもわかる。たとえば、どれくらい開発が進めば、実際にユーザーに確認してもらえそうか、そのときに確認できるものは何なのかも見えてくる。また、開発の状況が良くない状況に陥ったときには、重要なものを守るためにプロダクトバックログのどこをステークホルダーと相談すればいいのかが判断しやすくなる。そんなことができる順序になっているか確認しておこう。

プロダクトバックログを見れば、全体の大まかな流れがわかるのか

　もう1つ大事なのは、スクラムチームがプロダクトバックログについて十分理解していることだ。スプリントが始まれば、プロダクトバックログを道標にして開発は進む。なので、何が重要なのかを知っておかないと作業はうまく進められない。また、ゴールにより近づくために、プロダクトバックログの項目や順序は絶えず見直さないといけない。こういうことをうまくやるためには、スクラムチームはプロダクトバックログの中身について十分に知っておかないといけないんだ。

スクラムチーム全員がプロダクトバックログについて知っておかないといけないんだ

　あとは各項目を見積もっていけば、今後の見通しを立てることができる。だけど大きな漏れが本当になくなったのか、不安に感じるかもしれない。その不安をなくすために、紹介したもの以外にも色々な方法で不安を軽減したっていいだろう。けれど、いくら念入りに準備をしたところで、今後の見通しが確実なものになることはない。それだけは忘れないでおこう。ゴールを満たせるように入念に要件を洗い出したところで、それはあくまで想像なんだ。その想像が本当に正しいかを確認するには、もっと詳しい情報が必要だ。それは実際にやってみることからしか得られない。実際にスプリントを始めて1〜2週間も経てば、重要だと思っていたことが本当に正しかったかとか、進め方が正しかったかどうかなんてすぐにわかるだろう。

見通しは大事だけど……

　今後の見通しを立てるということは、とても大事なことだ。けれど、必要以上に時間を費やすものでもない。気をつけなきゃいけないのは、致命的なことを見落とさないようにすることだ。スクラムチーム自身の見落としがなさそうで、プロダクトバックログについての理解も十分だと思えることが重要だ。この先自分たちでプロダクトバックログを更新し続けていけそうだと思えれば、そこまでで十分だ。見積りなどの次の準備に取りかかろう。

　プロダクトバックログは最初に作ったら終わりじゃない。これから先もずっと更新していく。そしてそのたびにいつゴールを達成できそうかといった先のことについて常に考えていく。実は開発の見通しを立てるというのは、最初だけでなくこの先もずっとやり続けていくことなんだ。

　じゃあ、そろそろ「ボク」たちのスクラムチームがこの先の見通しがわかるようなプロダクトバックログを作れたかを見てみようか。

これ、お配りしてますが現行システムの機能一覧です

あと、昨日お伝えした通り、皆さん用のIDとパスワードも登録しましたので、システムも触れます

おー昨日ログインしたぜ

今回、ついでに解決してほしい課題ってわけだね?

で……これが

そう!

あまりにも要望と課題がごちゃまぜなのでちょっと整理してみたの

じゃあ、それをもとに**重要そうなもの**を書き出してみよう

あとは……、もはや使われていない機能もあるよね

すごいねー

はい!アクセスログを持って来ましたーいっぱつでわかる!

私も!営業の人にアンケートとってみたのー

見積りをしていく

正確に見積もれません!?

今回の開発で実現したいことも見えてきた。
じゃあ、ゴールの達成はいつ頃になるのだろうか?

タイム
リミットは
半年後か……

一つひとつの
見積りが
わかれば
いつ終わるかが
見えてくる
よな……

よーし　じゃあ、
今日はこれを
見積もって
いこうと思います

いっぱいあるから
大変ですよねー
がんばってください!

いや、どうやら
実際に作業する人が
見積もるらしいよ

まじすか……

え……

じゃあ、それぞれの
項目の要件や仕様を
もう少し細かく
決めてもらわないと
キツいなー

見積りは素早くやろう‼

　スクラムでは、プロダクトバックログの各項目を見積もる。それぞれの項目を実現するのに必要な時間やお金を概算できれば、最初のリリースの時期や必要な予算などもわかってくる。スクラムでは見積りの方法は決まっていないので、好きな方法で見積もればいい。けれど、どんな方法を使おうと見積りは簡単な作業じゃない。見積もった数字と実際の結果とのズレに悩まされるのはよくあることだ。これはスクラムでも変わらない。

どうやって見積もっていくんだろう？

　多くのスクラムチームでは、時間やお金で見積もっていくのではなく、プロダクトバックログの項目を終わらせるためにどれくらいの量の作業があるかに注目する。
　スクラムでは実際に作業する人たちが見積りをする。作業の量を見積もることが、自分たちの作業について考える良い機会にもなるんだ。たとえば、検索機能がほしいという項目を実現するには、検索画面を実装する作業、検索ロジックを実装する作業、それをテストする作業などが必要になってくる。ほかにもデータベース周りの修正も必要かもしれない。このように、どんな作業が必要かを考えないといけない。大雑把でも作業について考えることで、とても大事な作業を見落としていることに気づけるかもしれないんだ。

スクラムチームは作業の量で
見積もっていくんだ

　じゃあ、作業の量はどうやってあらわすのだろう？　たとえば、人月なども作業の量をあらわす単位だ。見積もる対象でどれくらいの時間が必要なのかを考えて、その人が1か月で使える時間をもとに作業の量をあらわすものだ。
　見積もるときには、さまざまな観点でどれくらいの時間が必要かを洗い出して、

確実な数字にしようとすることが多いだろう。時間をかけて検討することも必要かもしれないけど、結局は実際の結果とは多少なりともズレが出てしまう。ソフトウェア開発に限らず何かの作業を見積もるときにズレがあるのは当然のことなんだ。

作業の量って把握するのが大変そうだぞ

作業の量がどれくらいかを想像するのはそんなに難しくない。自分たちが実際にする作業が簡単そうだとか、難しそうな作業だから大変だとか、簡単な作業でもやることがたくさんあって大変だっていうのは判断できるからだ。似たような項目がプロダクトバックログにあれば、それと比較して作業の量が同じぐらいかどうかも判断できる。実はこれを数字であらわせば見積りになるんだ。

作業の量を数字にできればあとは簡単だ。スクラムチームがスプリントごとにこなせる作業の量がわかれば、リリースに必要な項目の見積りの合計から必要なスプリントの回数がわかる。実施できるスプリントの回数が決まっているなら、プロダクトバックログのどこまで終わるかも見えてくる。それが見えれば、もし期間が決まっている開発の場合でも、スクラムチームを維持するのに必要なお金は計算できるだろう。作業の量で考えることで、期待されているゴールの達成やリリースまでに必要な金額や期間についての質問に答えることができる。今後の見通しを立てるには十分なんだ。

どうやって数字にするんだろう？

作業の量を数字にするにはどうやればいいんだろう？　多くのスクラムチームが使っているのは、相対見積りというやり方だ。基準となる数字を決めて、それとの比較で作業の量を考えていくんだ。

基準となるのは、プロダクトバックログの項目のどれかだ。作業の量を把握して

いくための基準なので、必要な作業が具体的にイメージできるものにしよう。まずはそれに適当な数字をつけてしまおう。あとは、ほかの項目をその基準と比べて、作業としては簡単だと思えば小さい数字、大変そうなら大きい数字にする。基準となる数字の何倍ぐらいの作業になりそうか考えて数字をふろう。

きちんと作業を把握したものからの比較で 見積もっていくのか

　適切な基準がどんなものなのか考えてみよう。たとえば、作業を具体的にイメージできるものとはこういうものだ。「必要な画面はせいぜい数画面で、どれもそんなに難しいものじゃない。実装するロジックや扱うデータも複雑じゃないので、必要な作業はこれぐらいで、どれも大変じゃない」というところまでイメージでき、開発する準備が整っていれば1週間以内に終わらせられる自信があるものをいう。

　かといって簡単すぎるものを基準にしてもダメなんだ。それだと、ほかのものをこの基準と比較したときに100倍大変そうとかになってしまう。あまりに大きな数字になってしまうと、作業の量を把握できているとはいえないんだ。比較したときに、開きが10倍ぐらいに収まるような基準になっているのがいいだろう。

基準は、作業の量として 真ん中ぐらいの項目がいいんだな

　うまく基準を見つけるには、プロダクトバックログの中身をいったんバラバラにして作業の量に注目して分類してみよう。大雑把に3つぐらいでかまわない。

- 簡単に終わりそう
- 少し大変そう
- 結構大変そう

　分類できたら、「少し大変そう」に分類した項目を、作業の量が少ないと思う順

にさらに一列に並べよう。そして、並んだ真ん中あたりから作業が具体的にイメージできる項目を選んで、それを基準にしよう。

分類するときに、何を実現したいかがあいまいで作業がよくわからないものや、飛び抜けて膨大な作業が必要なものがあったら、ひとまず除外しておこう。そうしないと適切な基準を見つけにくくなる。除外した項目は、あとでそれを見積もるために準備をしよう。たとえば、より具体的に理解するためにヒアリングをして、作業の量がイメージできる程度に複数の項目に分けるといったことだ。

また、ほかの項目を見積もっているときに基準が適切じゃないと思えたら、基準を見直そう。プロダクトバックログの項目の作業の量を的確に把握するのが目的なので、適切でない基準で無理やり見積もってはいけないんだ。

作業の量は数字にできている気がするけど、もっと詳細に考えないでいいの？

この相対見積りというやり方は、見積もっていく対象が不確実なものだということを前提にしている。まだ実現してないものを見積もるっていうのは、単なる推測にすぎないんだ。もちろん、推測だからといって適当に見積もっていいわけじゃない。

相対見積りでは不確実なものを少しでもうまく扱えるように、使う数字を工夫している。たとえば、1、2、3、5、8、13……というフィボナッチ数と呼ばれる数字を使うことが多い。見積りには、この数字の中からどれかを使う。基準にする数字は好きなものでかまわない。たとえば、3にしてみよう。基準と比べて少し大きい項目の見積りは5となり、不確実なことによる多少の誤差のことは考えなくて済むようになる。これだと、不確実なものを無理やり正確に見積もらなくて済むし、かといって根拠のない数字ではなく、倍はかからない程度に作業の量が大きいということもあらわせるんだ。

また、フィボナッチ数を使って見積もると、基準と比較して大きいものをあらわすには8とか13を出さないといけない。13でも小さいなら21という具合にどんどん大きな数字になっていく。つまり、大きな見積りになるということは、見積もる対象に不確実なことがたくさんあるということを教えてくれているんだ。もしそ

れがとても重要な項目なら、細かく分割して見積もることが必要になる。

さらに、使える数字が限定されていることによって、細かな誤差を気にせず素早く見積もっていけるという効果もあるんだ。

見積りは推測なんだな

見積もるときのちょっとした工夫で不確実なことを減らすことができるのなら、それはやっておこう。けれど、見積りは推測にすぎないってことは忘れてはいけない。なるべく詳細にすることで見積りが確実になると思うかもしれないが、それはあくまでも詳細に推測しているだけなんだ。だから、見積りを過信してはいけない。たまに、開発が始まったばかりなのに、ずっと先のことまでものすごく細かくて大量の項目を含んだプロダクトバックログを見かけることがある。項目が詳細だと、見積りは正確な気がする。けれど、実はこれは良くない兆候である場合が多い。もし項目をいくつか実現したあとに、最初の推測が間違っているとわかったら、そのために使った時間はムダになってしまう。

だから、プロダクトバックログの項目を詳細にするのは、直近の数スプリント分ぐらいがいい。それより先のことに時間をかけすぎるのは、ムダになる可能性があるってことを忘れないでおこう。本当に大事なものなら順序を上にして、そこだけ重点的に詳細にしておこう。

詳細にするのは直近のものだけに
しといたほうがいいのか

このやり方で大事なのは、素早く見積もることなんだ。見積りはあくまでも推測なので、どれだけやっても確実にはならない。一つひとつの項目を見積もるために膨大な時間を使わないようにしよう。見積りに少々の誤差があるのを恐れちゃいけない。

素早く見積もれば、先の見通しを確実にするための時間にあてることができる。

実際にスプリントを始めて、実現したいことをいくつか終わらせてみよう。見積りの根拠にしたことが間違っていないかとか、実際の結果と大きくズレた原因は何かなどがわかる。自分たちの推測がどの程度正しいのかも確認できる。これはとても重要な情報だ。自分たちが作っていくものが、周りの期待を満たせそうかも判断できる。こういう情報を頻繁に取り入れて見積りを更新していこう。そうすれば、先の見通しはより鮮明にわかるようになるんだ。見積りが素早くできれば、何度でも見直すことができる。

　時間の使い道はほかにもある。たとえば、スプリントをすぐに始めるのが難しい場合もあるだろう。そんなときは、開発を進めるうえでリスクになることについて考えてみよう。重要なことがあいまいだったり、採用した要素技術やスクラムに不慣れなままで開発を進めようとしたりしていないだろうか？　そういうリスクが放置されているほうが、見積りに少々の誤差があるよりも不安だ。どう対処するかを考えて、この先の開発を少しでも確実なものにしておこう。

素早く見積もるためのやり方なんだな

　もちろん、素早く見積もるからって適当な数字にしていいわけじゃない。スクラムチームだって、その見積りに不安を感じたままでいるより、確実だと思えるものにしたいだろう。そのために何をするのかは次のシーン5で紹介しよう。

　ところで、この見積りの数字の単位はポイントと呼ばれることが多い。この呼び方に意味はない。大事なのは、これが時間やお金ではなく作業の量をあらわしていることだ。そのことを忘れずに見積もれるように、ポイントというふだんと違う単位を使ってみるといいだろう。

　じゃあ、そろそろ「ボク」たちのスクラムチームが素早く見積もることができそうかを見てみようか。

大 中 小 みたいな?

ふーん……
作業の量に
注目するんですねー

けど……
基準って
どうやって
決めるんですか?
僕、見積り
やったこと
ないし

僕も

まずは
作業が
多そうとか
大変そうとかで
分けてみよう

ざっくり
Tシャツみたいなイメージで

これが
Mで……

ガヤ ガヤ

こっちの
ほうが
大変そうだね

見積りをより確実にする
僕なんかでいいですか?

スクラムチームは相対見積りを使い始めた。
けれど、なぜ開発チームが見積もる必要があるのだろうか?

次はユーザーの
……
せーの

せっ！

え━

僕だけ
5……

あれ？
バッチくん
また1人だけ
大きい

バッチくんさー
3でいいよね

あ……
はい

よゆーだから

えーっとあのぅ、
僕……僕は
見積りに参加すると、
邪魔なんじゃ
ないかと思って……

あまり
こういう
システム
作ったことも
ないし……

お、
バッチくん
しゃべった

サブ
リーダー
さんとか

ボク
さん
が

やったほうが
ちゃんとした
見積りになると
思うんですけど

たしかに……

えっ……

ちょっと待って！
もう少し
やって
みようよ！

ヤバイ……
どうしよう……

当てずっぽうにベストを尽くせ!!

　まだ何も開発が始まっていないときの見積りは、当てずっぽうだ。見積もっていく対象は、不確実であいまいなものなんだ。これから作っていくものは、過去に作ったものとまったく同じものにはならない。体制や環境、進め方もそうだ。さらに、実現したいことだって、開発を進めていくうちに変わってしまうかもしれない。

　あいまいなことを確実にしようとして膨大な時間を費やしても、確実なものにはならない。素早く見積もって、自分たちの推測を実際に試してみて確実なものにしていく。スクラムでは、推測に時間を費やすことよりも確実なものにすることのほうに時間を使うんだ。そのためにも、見積りは素早くやろう。

　けれど、あいまいなことをただ放置していいわけじゃない。できるだけ明らかにしていこう。では、そのために何をするのかを考えてみよう。

もしかして開発チームが見積もるのは
確実なものにするため？

　見積りは、多くの知識と情報を持っている専門家に任せたほうが安心だ。見積もるには作業の量を明らかにしていくことが必要なので、最も詳しい人たちにお願いしよう。

　スクラムでは、実際に作業を進めていく開発チームが一番詳しい専門家だ。開発チームなら、実装するロジックは簡単だけど多くのコードを書くので手間がかかるとか、開発チームのスキルで十分に扱えそうか、といったことまで考えられる。そうした判断が、見積もるときには重要な情報になる。

　実際に作業をする人でないとこうした情報は持っていない。情報を持っていない人が見積もると、どうしても周りから期待されているリリースを希望する日に間に合わせようとしたり、偏った見積りをしてしまうんだ。スクラムでは、そうしたことを起こさないために、最終的な見積りは実際に作業をする人と決めているんだ。

でも開発チームがいろんな作業を
見積もれるのかな？

　もしかすると、開発チームが見積もることに不安を感じるかもしれない。けれどふだんの開発作業の大半は、実際にコードを書いたりする作業が主だろう。こういう作業の専門家は当然開発チームだ。では、要求や要件に関する作業はどうだろう？　プロダクトバックログを作る過程で、プロダクトオーナーと開発チームが一緒になって作業するのがこれにあたる。こういう作業をやってきていれば、見積りをするための判断は、開発チームにだってできるようになっていくはずだ。

　スクラムでは、実際にコードを書く以外にも、アーキテクチャや仕様を検討したり、要件をまとめたりといった作業もすべて開発チームが行う。だから内容をよくわかっていて、自分たちの実力も踏まえたうえで、より確実な見積りができるのは開発チームしかいないんだ。

自分たちの作業は
自分たちで見積もらないとダメなんだな

　では、実際のやり方について見てみよう。多くのスクラムチームでは、トランプのようなカードを使って見積もっている。そのやり方のことを見積りポーカー（以下、ポーカー）と呼んでいる。やり方を簡単に紹介しよう。

参加するのは、もちろん開発チームの全員だ。全員に1セットずつカードが配られる。配られたカードには1、2、3、5……のフィボナッチ数が書かれている。カードは手書きで作ったり、トランプを使ったりとさまざまだ。専用のカードも市販されているので、それを使ってもいいだろう。

どうやってカードで見積もるんだろう？

　見積りは、そのカードを使って、プロダクトバックログの項目一つひとつを基準と比較しながら行っていくんだ。

　まず見積もる項目を1つ選んで、次に一人ひとりがどの数字かを考える。そして、これだと思う数字のカードを1枚選んだら、合図に合わせて一斉に公開する。全員が同じ数字にならないときは、その数字を出した理由を簡単に話し合おう。それぞれの意見を聞いて、また合図に合わせて数字を出し直す。これを数字が揃うまで繰り返す。

　ここでは素早く見積もるためにこのやり方をしていることを忘れないようにしよう。たとえば、2枚のカードを組み合わせてカードにない数字を出したくなるかもしれない。けれど、数字が細かくなれば確実になるとはいえないし、時間もかかってしまう。ほかにも、話し合いが延々と続くようなら一番大きい数字と小さい数字を出した人だけが発言するとか、全員が同じ数字にならなくても隣り合った数字なら揃ったことにするとか工夫をしよう。

確実にする工夫は
開発チームが見積もることだけなの？

　ポーカーは、開発チームが取り組みやすいからやるんじゃない。開発チームの意見を拾いやすいからやるんだ。見積りでは、たくさんの意見を聞くことが重要だ。1人では重要なことを見逃すかもしれないので、開発チーム全員の知恵を持ち寄ってさまざまな視点で意見を出し合いたいんだ。とはいえ、見積り自体にムダに長い

時間はかけたくないので、意見は素早くまとめたい。そのために、要点に集中できて大まかな合意を作りやすい方法として、ポーカーをやっているんだ。

多くの目でチェックできるし、出てきたさまざまな意見をまとめやすいのか

あいまいなことは、それぞれの人の認識にズレを引き起こす。そのズレに気づかないと、作業が終わったあとに問題がおきてしまう。

ポーカーは、あいまいなことを明らかにしていく。認識のズレが数字の違いとしてあらわれてくるんだ。その違いを話し合えば、あいまいなものをどう解釈すべきかが見えてくる。出した数字がたまたま最初から揃う場合もある。でも実は認識がバラバラかもしれないので、1人ぐらいは自分の見解を話して確認しよう。

また、話し合ううちに見積もっている対象についての疑問が出てくる。この疑問について話すことで、あいまいなことをより明らかにできる。それも素早くやりたいので、見積りにプロダクトオーナーも同席するなど積極的に協力しよう。

もし、疑問が解消されず見積もれないなら、無理に数字を入れるのはやめよう。見積もれないっていうのも大切な情報だ。もし見積もれないものがとても重要な項目なら、多少時間をかけてでも先に疑問を解消しなきゃいけないんだ。

そっか、話し合うことであいまいなことが明確になるんだ

ポーカーが重視しているのは、実際に作業を進める人たちが対話することだ。活発に対話ができるように、ポーカーを進めよう。

もし、開発チームのシニアエンジニアのような人ばかりが発言して対話になっていないなんてことがあれば、それは良くない兆候だ。シニアといえど何か見落としているかもしれないし、ほかのみんなの認識もズレたままだろう。そんな場合は、その人には見積りからいったん外れてアドバイザーになってもらう。見積もっている様子を見てもらい、みんなが見落としている点をあとでアドバイスしてもらうん

だ。開発チームはスプリントを続けている間は何度も見積もるので、はじめのうちに見積りのスキルを少しでも高めておいたほうがいいんだ。アドバイザーもみんなとの対話を通じて、みんなで見積もることの良さを学べるだろう。なぜ自分が見積りに参加できないのかを理解してもらって、また一緒に見積もってもらおう。

そっか、対話がないと意味がないのか

　見積りを少しでも確実なものにしたいなら、さまざまな工夫が必要だ。けれど、見積りは手軽にやりたい。そのための道具がポーカーだ。

　けれど、ポーカーをやろうとしても、最初の見積りのときに肝心の開発チームが揃っていない場合がある。それでも、先の不安を少しでも解消したいのなら、当てずっぽうの見積りでもいいから最大限の努力をしよう。これから参画する予定の数人だけでも集められないだろうか？　全部を見積もる時間が取れないなら、最初の数スプリント分だけでも見積もれないだろうか？　開発チームになる人たちが集まって、少しでも一緒に見積もってもらえれば、ほかの項目はどうにか見積もれるかもしれない。開発チームが揃わない状態でも、見積りを早くできれば少しでも確実にするチャンスがあるんだ。

　じゃあ、そろそろ「ボク」たちのスクラムチームが、当てずっぽうにベストを尽くしているかを見てみようか。

インセプションデッキでチーム共通の言葉を作ろう

インセプションデッキは作る時間を大切にしよう!!

インセプションデッキは、スクラムチームにとってプロジェクトやプロダクトの認識を合わせるための重要な活動です。インセプションデッキでは、成果物と同じくらい過程、つまりデッキを作る時間を大切にします。効率よく議論できるように事前に叩き台のスライドを準備しておくなどの工夫は必要ですが、できる限り一緒にスライドを作る時間を確保しましょう。

インセプションデッキのスライドの中に、エレベーターピッチがあります。エレベーターピッチとは、エレベーターに乗っている時間内（15～30秒）に投資家に自分たちのプロダクトの紹介をするための手法です。スライドを作るときは、まずはじめにメンバーごとにエレベーターピッチを書く時間をとります。全員が書けたらチームで共有し合います。そうすると、おそらく書いてあることがば

らばらでしょう。チームができた初期段階で、認識のズレがわかるのはとてもよいことです。議論をしながらズレを揃えていき、チーム全員が納得できるエレベーターピッチを作りあげましょう。

スクラムチームにはさまざまなバックグラウンドを持った人が参加します。インセプションデッキを作る時間を共有すればするほど、そこで交わされた言葉がチーム共通の言葉になっていきます。たとえば、開発が進んだときに、

「もう1回、エレベーターピッチを見てみよう」

「あれ、この状況って夜も眠れない問題にあったよね？」

「やらないことリストにあったので今は考えないようにしましょう」

などの会話が生まれるようになります。チーム共通の言葉ができるのは最高のチームビルディングですね。（及部 敬雄）

エレベーターピッチ

- [潜在的なニーズを満たしたり、潜在的な課題を解決したり] したい
- [対象顧客] 向けの、
- [プロダクト名] というプロダクトは、
- [プロダクトのカテゴリー] です。
- これは [重要な利点、対価に見合う説得力のある理由] ができ、
- [代替手段の最右翼] とは違って、
- [差別化の決定的な特徴] が備わっている。

やらないことリスト

やる	やらない
あとで決める	

この先の計画を立てる

いつ何が手に入るのか?

スクラムチームは、プロダクトバックログを見積もることができた。では、そこから何がわかるんだろう?

その声は
営業部長"

やあ
ボクくん
予算の件
返事もらって
ないん
だけど

要は期間と予算が
足りているか
知りたいんだよ
営業部の大事な
施策なんでね

本にも
どこにも
書いてなくて
困っている
とはいえない
……

あとで足りないってのは
今回は絶対ダメだぞ
全国の支店のシステムを
一斉に切り替える
んだからな

いつ頃 何が

できるのかが
わかる計画がないと
困るんだ

こっちも切り替えの
タイミングを
うまくやらないと
俺の首が飛ぶかも
しれないし

は、
はい……

スパっ!
てさ

今回のやり方だと
色々とうまくやれる
って聞いているからさ
頼むよー

今週中に
返事します
……

▶ これから先のことを知っておく

　開発を始める前に気になることの一つは、先の予想についてだ。最初のリリースがいつ頃できそうなのかは誰もが知りたいはずだ。また、決められた期限があるなら、それまでに何が実現されているかも知りたいだろう。そして、それがステークホルダーの期待に合っているのかも確認しておかないといけない。このように先の見通しを整理するのが、計画を立てるということだ。では、スクラムではどうやって先のことを予想するんだろう？

> ## プロダクトバックログから
> ## 読みとるんだよね？

　スクラムでは、プロダクトバックログの項目を見積もれば、先のことについて考えることができる。プロダクトバックログには実現したいことが整理されていて、それぞれがどれくらい大変か、作業量が見積もられている。単位はなんでもよくて、「ポイント」と呼ばれる単位を使うことが多い。あとは、スクラムチームがスプリントごとにどれくらいの作業をこなせるかがわかれば、さまざまなことが見えてくる。

　たとえば、200ポイント分の項目があって、これを全部実現したいとする。1スプリントあたり何ポイント分実現できるかがわかれば、すべてを実現させるために必要な期間が見えてくる。毎回のスプリントで10ポイント分をこなせるなら、200ポイントを終わらせるためには20スプリントが必要だ。もし1スプリントの長さが1週間なら、20週間が必要だとわかる。期間は、実現したい項目の見積りの合計をスプリントごとにこなせるポイント数で割れば導き出せるんだ。

　期限が決められている場合も同様だ。この例だと、決められた期限が10週間後なら、実現できる項目は100ポイント分程度だとわかる。

この数字、つまりスプリントごとに終わらせられるポイント数を、ベロシティと呼ぶ。スクラムチームのスピードみたいなものだ。開発の先のことはベロシティを以下のように使うと見えてくる。

- 絶対に必要な項目の見積りの合計 ÷ ベロシティ
  = 必要なスプリント数（期間）
- ベロシティ × 期間内に実施できるスプリント数
  = 実現できるポイント（どこまで実現できそうか）

ベロシティがわかれば、先の見通しが見えてくるんだ

じゃあ、ベロシティはどうやってわかるんだろう？　作業がどれくらいのスピードで進むかは、誰かに決めてもらうものじゃない。また、決められたリリース日があって、それを守るためにベロシティを決めるってのも変な話だ。それはただの希望的観測だ。ベロシティは開発の先のことを考えるのに重要なので、もっと確実な数字でないといけない。

ベロシティは、決めるものではなく測るものなんだ。スプリントでどれくらい実現できるかは、実際に測ってみるのが最も確実だ。スプリントを1つやってみて、実現できたプロダクトバックログの項目の見積りの数字を合計すればいい。もちろん、完成していない項目の見積りの数字は合計には含めない。より信頼できる数字にするために、直近の数スプリントの結果を平均するのもいい。スプリントごとに計測を続ければ、より確実な数字になるだろう。もちろんベロシティは多少は変動する。けれど、根拠もなく作業のスピードを想像するよりずっと確実な数字だ。

ベロシティは
8ポイントだ!!

	デモ手順	見積り
外出先の状況を記録したい。それは最新の状況をもとに営業部として戦略的な営業活動をしたいからだ。	XX社の記録 表示して、商談状況 入力して記録ボ 認画面にユー	5
利用者を制限したい。それは機密情報を正社員のみに開示したいからだ。	未ログイン状態で アクセスするとロ 表示される。キミち とパスワー 入力して…	3
営業マンとして、取引先についてさまざまな観点で探して、詳しい内容を知りたい。それは取引先とのやり取りを優位に進めたいからだ。	トップページから検索タブを押すと 社名、業種、 所、	3
・・・・・・		

OK
OK
NG

スプリントで実現しようと予定していた項目

でも、それじゃ、開発を
始める前にはわからないよ……

　開発が始まる前のベロシティは正確にはわからない。けれど、実際のベロシティと近い数字を知る方法はいくつかある。1つは、今回の開発チームが以前と同じメンバーであれば、見積りの基準を以前にやった開発と揃えておいて、過去のベロシティを参考にすることだ。

　同じチームでないなら、本格的にスプリントが始まる前に、いくつかの項目を実際にやってみて参考になる値を出してみよう。たとえば、プロダクトバックログの中から簡単なものをいくつか選んできて、技術検証やデモ環境の確認を兼ねて実際に作るんだ。もしくは、要件の確認や整理をする時間が最初にとってあるなら、要件のどれかを実際のソフトウェアとして作って確認するのもいい。これなら通常のスプリントの進め方と遜色ないだろう。

　もし、2日で5ポイントこなせるとわかれば、1週間のスプリントならだいたい倍の8 ～ 15ポイントぐらいできそうだと考えられる。これなら根拠もなしに適当

な数字にするより、十分に参考になる数字だ。

　それもできないような状況なら、開発チームに判断してもらおう。プロダクトバックログの項目をいくつか選び、1週間にどれくらいできそうかを話し合って決めよう。これは不確実とはいえ、実際に作業を進める人の意見として大いに参考にはなるだろう。ただし、期待されているリリース日に間に合わないと困るといったプレッシャーの中では、数字上は間に合わせようとしてしまいがちだ。それでは、先のことを考えるための参考にはならないので注意しよう。

なるほど、なんとかして
実際に計測した数字に近づけるのか

　また、先の見通しを立てるときは、スクラムチームの実力を考慮しておこう。たとえば、スクラムに慣れているスクラムチームであれば、早期に問題を見つけて対処できる。そういうチームなら、計画への影響を最小限にしながら進められるだろう。けれど、もし慣れていないのなら、問題を見すごしたり対処が遅れたりすることもあるだろう。そのために、必要なスプリント数を計算するときは、ベロシティから算出したスプリントの数より少し余裕を持たせておこう。

　数スプリントぐらいの余裕を持たせておけば、1回ぐらいベロシティが0になっても、挽回できるチャンスが残されている。あと、スクラムを始めたばかりであれば、このやり方に慣れるまでの期間は、ベロシティが上がらない可能性も忘れちゃいけない。何かに慣れるには時間がどうしても必要だ。

　このように、ベロシティだけでは見えないことは、スクラムチームで必ず話し合っておこう。

ベロシティだけでは
わからないこともあるんだ

　ベロシティだけではわかりにくいことはほかにもある。それはリリースに関する作業だ。開発が進んでいくと、製品やサービスとして提供したり公開したりするだ

ろう。また、最終的な成果物を納品する場合もあるだろう。これがリリースだ。そのために必要な準備の作業はふだんの作業とは異なることが多い。たとえば、リリースできるかを判断する部署や組織が別にあって、そこに申請したりしなくちゃいけない。さらに、日々の開発ではやりにくいパフォーマンスの確認やセキュリティに関するテストなんかもしなくちゃいけない。作ったものを本番環境で動くようにしたり、リリースのあとに必要なマニュアルを作ったりすることもあるだろう。

リリースのための作業って 特別扱いなの？

　リリースに関する作業に慣れているスクラムチームだと、どういった作業があるかもわかっていて、見積もることもできる。それができる実力があるなら、プロダクトバックログに必要なことを書いて、ほかの項目と同じように扱えばいい。

　もし慣れていないなら、スクラムとは分けて考えよう。通常のスプリントが終わったあとに、リリースのための作業をする期間を別途用意するんだ。この期間をリリーススプリントと呼んだりする。この期間は、リリースに必要な作業を粛々とこなしていくだけなので、進め方はスクラムでなくてもかまわない。今までの慣れたやり方が参考になることもあるだろう。

　本当は、スプリントごとにリリースできたほうがいいんだ。これならベロシティだけで先の見通しを立てることができる。けれど、ここまでできるスクラムチームは、なかなかお目にかかれない。まずは、自分たちの実力に応じて、プロダクトバックログの項目としてリリースの作業を扱うか、リリーススプリントを用意することから始めよう。

リリースに関する作業は 実力に応じて考えないとダメなんだ

　プロダクトバックログから先を見通すことはできた。けれど、スクラムを学ぶ期間をどれくらいにするのか、リリーススプリントをいつから始めるかといったこと

はプロダクトバックログからはわかりにくい。また、重要な予定や夏期休暇といったイベントもあるだろう。こうしたことをプロダクトバックログだけで扱うには慣れが必要だ。慣れていないなら、この先の予定を整理して見えるようにしておこう。たとえば、こういう図だ。

　重要な予定はマイルストーンとしてどんどん書き入れよう。とくに、重要な会議やイベントなどは忘れるわけにはいかないので必ず書いておこう。とくにリリースなどは事前の作業が必要になるので、直前であわてないようにいつも注意したい。だから、こういう図は見えるところに貼っておくといいんだ。
　また、こうやって整理しておくと、プロダクトバックログに慣れていないステークホルダーにも、先の予定がわかるんだ。

プロダクトバックログ以外でも先のことがわかるように整理しておくといいんだな

　このような、先の見通しを立てる活動はリリース計画と呼んだりする。実は、リリース計画は何度も見直していくものなんだ。なぜなら、リリース計画もまた今の状況をもとにした予想にしかすぎないからだ。スクラムでは、実際に終わらせた結果だけを確実なものだとして信用している。それ以外はすべて予想や推測で、外れる可能性があるんだ。ベロシティと最新の状況から計画を何度も見直して、より確実だと思えるものにしていこう。

　もしかすると、計画を見直すのではなく計画を守るために、ベロシティをごまかしたいと考えるかもしれない。だけど、それではたった1つの確実なものを失うことになってしまう。それだけはやってはいけないんだ。計画のほうが不確実だってことを忘れちゃいけない。

　それに、コロコロと変わる計画なんて不安に思うかもしれない。けれど、間違った計画のまま進んでいけば、いつかは大きく計画を見直さないといけない。これが一番大変なことなんだ。もっと早く対処すれば、取れる対策も簡単でたくさんあるはずだ。計画を繰り返し見直すことで、スクラムチームの目指すゴールを達成しやすくなるんだ。計画は立てたら終わりじゃない、見直し続けるのを忘れてはいけないよ。

　じゃあ、そろそろ「ボク」たちのスクラムチームが先のことをわかったかを見てみようか。

詳細な計画を立てる

ちゃんと計画できたかな?

ブチョーに呼ばれて早くも一週間が過ぎ、ようやく準備が
できてきた。いよいよスプリントを始めるときが来たようだ。

▶ 確実に前に進める計画を作ろう‼

　スプリントプランニングは、これから始まるスプリントの計画を作るための活動だ。ここでは、プロダクトバックログの中からどれを実現するかをプロダクトオーナーと開発チームが2つのトピックについて話し合って決定する。

　1つめのトピックは「このスプリントで何ができるか？」だ。プロダクトオーナーと開発チームで今回のスプリントで何をどこまで実現できそうかの見当をつける。2つめのトピック「どのように達成するのか？」では、開発チームが中心となって実際の開発作業を洗い出し、より現実的で具体的な計画作りをしたうえで、今回のスプリントで達成するプロダクトバックログの項目（プロダクトバックログアイテム）はどれかを決定する。では具体的にどんな進め方をするんだろうか？

まず見当をつけるって
どういうこと？

　1つめのトピック「このスプリントで何ができるか？」については、プロダクトオーナーが今回のスプリントで達成したいことと、それに該当するプロダクトバックログの項目を開発チームに伝える。プロダクトバックログの項目は達成してほしい順に並べてあるので、上からどこまでを実現してほしいかを伝えればいい。たとえば、今回のスプリントでは「ユーザーを管理するための最低限必要なことをできるようにしてほしいので、上から3つをお願いしたい」という具合だ。

　どれくらい実現するかの目安になるのが、ベロシティだ。スプリントごとにいくつ実現できるかを、実際に過去のスプリントで計測した値だ。前回までのベロシティが10ポイントであれば、今回のスプリントも10ポイント分のプロダクトバックログの項目は実現できそうだと考えられる。その分をプロダクトバックログの上から順に数えればいい。

ストーリー	デモ手順	見積り
外出先の営業マンとして、毎日訪問先の状況を記録したい。それは最新の状況〔〕戦略的〔〕だ〔〕	XXX社の記録ページを表示して、訪問日時と訪問者、商〔〕況、報告内容を入力して〔〕を押す。確認画面〔〕が・・	5
〔〕	〔〕でアクセスす〔〕面が表示され〔〕員番号とパ〔〕ドを入力して〔〕	3
営業マンとして、取引先についてさまざまな観点で探して、詳しい内容を知りたい。それは取引先とのやり取りを優位に進めたいからだ。	トップページから検索タブを押すと検索画面が表示される。検索条件として会社名、業種、資本金、住所・・・	3
・・・・・・		

（吹き出し）ベロシティは10なので **ここら辺だな!?**

適切な量かどうかはベロシティを参考にすればいいんだ

　次は、何を実現したいのかを具体的に明らかにしよう。プロダクトオーナーは、開発チームにそれぞれの項目について説明しよう。プロダクトバックログの上位の項目は事前にプロダクトオーナーと開発チームとで具体的な内容にする準備を一緒に進めていく。そのため、スクラムチームは上位の項目の内容を理解しているはずだけど、必要に応じて追加の資料を用意したり、ホワイトボードに詳細を書いたりして、認識があっているかを確認するといい。もちろん新たな疑問や不安があればどんどん話をしよう。

　このときに、各項目が「完成した」というのはどういうことなのかも改めて確認しておこう。それがあいまいなままだと、プロダクトオーナーはそれが本当に完成したものかどうかを判断できないし、そもそも開発チームもどこまで作業すれば完成になるのかもわからないからだ。

　ときには何かを見落としていたことがわかったり、お互いの認識がなかなか合わなかったりすることもある。その状況で無理をして進めてしまうと結局は完成でき

ない。そんなことで苦心しても良い結果にはならないので、正直に話し合おう。

　もし、1つめのトピックについて話している途中でほかに実現したい項目が出てきたら、その順序を入れ替えてもいい。ただし、開発チームが作業に取りかかれるだけの準備ができている項目だけにしよう。完成できる自信が持てないと良い結果にはならないんだ。

　ここまでの「このスプリントで何をするか？」が1つめのトピックで話す内容だ。

1つめのトピックでは
どうなったら終わりかも決めておくのか

　何を実現するかのメドがついたら、スプリントの期間で本当に完成できるかを見極めよう。それが2つめのトピックで考えることだ。開発チーム全員で、必要な作業を洗い出して詳細に見積もる。そして、本当に達成できるのか判断するんだ。

　作業の洗い出しは、スプリントをどういう作業の流れで進めるかをイメージするとやりやすい。たとえば、「まず画面の構成や項目を考えて、設計して、実装して、テストして……」という具合だ。あとは、「XX画面を実装する」といった作業として洗い出そう。これらの作業のことをタスクと呼ぶ。

それから本当に達成できるかを
考えるんだな

　タスクを洗い出せたら、それを見積もろう。よく使われるのが時間での見積りだ。このタスクを終わらせるまでにかかる時間を考える。時間の見積りを合計すれば、スプリントの期間内に完成できるかどうかが判断できる。小さくて詳細なタスクの見積りなら、大きな誤差は出ないはずだ。ただし、会議に参加したりメールを見たりとふだんの開発作業以外に使う時間もあるので、1日で使える時間は5～6時間程度だと考えよう。深く悩まずに、半日で終わると思ったタスクは3時間と見積もればいい。このような、何の割り込みもなく理想的に作業できる時間で考えることを理想時間と呼ぶ。このような時間を使った見積りなら、期間内に収まるか十

分に判断できる。

そして、開発チームがこれならスプリントの期間で完成できると判断したら、プロダクトオーナーに「大丈夫」と伝えてスプリントプランニングは終了だ。もし、もう少しできそうな場合や、少し厳しいと判断した場合は、実施するプロダクトバックログの項目をもう一度プロダクトオーナーと調整しよう。

洗い出したタスクと見積りは
管理しないの？

最後に、洗い出したタスクと見積りはまとめておこう。これはスクラムで決められている作成物で、スプリントバックログと呼ばれている。日々の進捗状況の共有に使ったり、問題が起こったときに原因を見つけるために使ったりする。まとめ方は決まっていないので、たとえばスプレッドシートや専用のツールを使って表にしてもいいし、付箋に書いて貼っておくのもいいだろう。

これは開発チームの持ち物だ。スプリントをうまく進めるために使おう。開発チーム以外の誰かが口を出そうとするかもしれないが、それは無視してかまわないんだ。

なんか、やる直前で本気を出す
みたいな感じだなー

スクラムでは、開発を進めていった先のことは予想にすぎないと考えている。先のことはいつ大きく変わるかわからないので、達成できた結果だけを信用して進めていく。でも、ここまでに達成できた結果だけでは、いつまでも先のことはわからないので不安だ。とはいえ、ずっとずっと先まで安心できる計画なんて、膨大な時間を費やしても作れない。

だったら、たとえ数週間分ぐらいでも、確実に達成できると思える、安心できる計画を作ろう。そしてその計画がうまくいったのなら、それを何度も繰り返していけばいいんだ。もちろん、状況に合わせて計画も修正する。一部分でも確実な計画

があることで、先の予想も確実になっていく。そのための活動が、スプリントプランニングだ。そこでは、スクラムチーム全員が「これなら確実に達成できるぞ」と自信が持てるぐらい、具体的で詳細な計画を作らないといけないんだ。

スプリントプランニングでは確実に終わらせられる計画を作るんだ

では、達成できそうだと自信を持つために必要なことを考えよう。最も大事なのは、スプリントで本当に達成したい目標を理解することだ。つい、今回のスプリントで着手するプロダクトバックログの一つひとつの項目に注目してしまうかもしれないが、本当に達成すべきなのはスプリントの目標だ。これはスプリントゴールと呼ばれ、複数の項目で実現したいことを端的にあらわしたものだ。

たとえば、1つめのトピックで話した「このスプリントでは、ユーザーを管理するための最低限必要なことをできるようにしよう」みたいなものだ。このスプリントゴールこそが、お金と時間をかけてまで達成したいことなんだ。それを深く理解することで、それぞれの項目がなぜ必要なのかという意図までも理解する手助けになるはずだ。この認識がズレていなければ、実際にできあがったものを目の前にして、ほしかったものと違うなんて言われることもなくなるだろう。

それに、各項目ばかりに焦点を当てるのではなく、ゴールの達成という大きな視点から考えることで、より最適な実現方法が見えてくる。よりシンプルな計画を立てやすいんだ。もしスプリントの途中で不測の事態があったとしても、広い視野で考えられるので、項目ごとの対応を考えるより取れる選択肢も増えるんだ。

ゴールを理解することで、より確実な計画になるんだ

それから、実現するものの認識を揃えておこう。何を実現したいかがわからないままでは確実な計画は作れない。そのためによく使われるのが、デモ手順を決めておくことだ。たとえば、「ここに○○を入力してボタンを押すと、次の画面にこん

なメッセージが表示されて、入力したデータは××の形式で表示される」とかだ。また、受け入れ基準を設けるのもいいだろう。「10万件分のデータが3秒以内に表示され、特定の項目は必ずすべて確認できるようになっている」みたいな感じだ。こうすれば、求めているものが実現できたのかどうかがすぐに判断できる。

デモ手順を明確にすることで、実現したいことがより具体的になる。まだ何を実現したいのかがあいまいなものは、せっかく作業をしてもやり直しになってしまうことが多い。できあがったものを見て確認するのは、自分たちが考えた実現したいことがその通りになっているかどうかを確かめたいからだ。実際にどんなデモになるのかを考えることで、どういうものを実現したいのかを全員が理解できる。これはとても大切で、この話し合いにたくさんの時間を割いているスクラムチームも多いんだ。

> ## 実現できたとすぐに判断できるぐらい
> ## 具体的にしておくんだな

あとは、タスクの洗い出しと見積りを確実にしよう。まずは大きな疑問や不安がない状態になっていないといけない。たとえば、タスクを進めていくにあたってわからない仕様についてプロダクトオーナーに相談にいったら、回答をもらえるまで数日かかる、なんてことになるかもしれない。すぐに回答が必要そうな疑問がないか確認しておこう。スプリントプランニングで積極的に不安な点を言い合っているスクラムチームは良い状態だ。ほかにも、事前に質問をまとめた表などをやり取りしておくのだって良い方法だ。

タスクはいつ着手して、いつ終わるのか判断できるようにしよう。たとえばログイン画面なら、実装に着手したらその日で終わるかどうか判断できるだろう。もしそれが「要件定義」みたいなタスクなら、いつ終わるかが誰にもわからないから、確実な計画は作れない。そのため、タスクの単位は1日以下じゃないといけない。多くのスクラムチームでは半日や数時間程度にまで細かくしている。

こうするために、タスクの一覧を貼り出したものの前にでも集まって、どう作っていくかを話し合いながらタスクの洗い出しを洗練させよう。クラス図を書いて設計の確認をしたり、具体的な日付を見ながらどういうふうに開発を進めるのかイ

メージしていこう。開発チーム全員で考えることで、作業の抜けを見つけたり、お互いの認識を揃えたりすることができるんだ。

うーん、項目の量が多いと大変そうだ

　もし、1スプリントの計画で扱うプロダクトバックログの項目の数が多くて大変なら、それは良くない兆候かもしれない。プロダクトバックログの項目一つひとつが細かすぎる可能性がある。何を実現するのかを詳細に決めすぎているかもしれない。どこまで詳細に決めても、確実になるわけではないので気をつけよう。実現したいことのイメージを共有したいのなら、プロダクトオーナーが開発チームと話す時間を増やすとか資料を用意することに時間を使うようにしよう。

　また、スプリントで実現したい項目が多すぎると、確実な計画は立てにくい。たとえば、スプリントゴールがわかりにくくなる。プロダクトオーナーがそれぞれの項目の準備をする時間が多く必要になる。開発チームも、必要なタスクをうまく洗い出せずに中途半端な計画になる。計画が確実なものではなくなってしまうんだ。スクラムチームが確実に達成できる項目の数は、自分たちがここまでなら達成できると確信を持てる数なんだ。

え!? できるとこまででいいの？

　もし確実に達成できるかどうかを自信が持てないままスプリントを進めても、その結果はすぐに評価される。その結果が良くなければ、次のスプリントプランニングでは自信の持てる項目までにするという対策がとれる。むしろ怖いのは、良くない結果が隠されてしまうことだ。たとえば、チーム外から期待される進捗のことが気になって、本当は達成できていないのにできたことにしてしまったり、やらないといけないテストを少しさぼってしまったりすることはないだろうか。それはあとになって必ず深刻な問題になって返ってくる。もしそんな内容で進めることを認め

てしまったら、ベロシティさえも信頼できなくなってしまう。ベロシティは、何か良くないことが起きていることを知る重要な手掛かりなんだ。早い段階なら対策もしやすい。ベロシティが信用できなければ、リリースがいつになるのかというような、先のことがまったくわからないのと同じになってしまう。

スクラムチームが判断できる量でないとうまくいかないんだな

スプリントプランニングは、スクラムチームで達成したいゴールに確実に近づくための活動だ。期待されているリリース日や期日までに必要なものを全部揃えることを守るために、逆算した計画を作るのが目的ではない。今回のスプリントでは確実にこれだけは達成できると確信を持てる計画にすることが重要だ。これにはスクラムチーム全員の力が必要なんだ。そして、数週間分のことを確実に達成していくことで、もっと先のことが守れるようになるんだ。そういう計画を作るためのイベントだということを忘れないでおこう。

そっか、確実な計画を作るための活動なんだ

さて、「ボク」たちのスクラムチームがスプリントゴールを達成し、ゴールの達成に向けて確実に進むための計画を作れたかを見てみようか。

やるよー

昼休み後

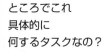

ところでこれ
具体的に
何するタスクなの？

要件を
つめます

いやいや!!
ちょっと待って！

今すぐもっと
具体的に
しよう!!

俺っすか!?

君っ！
君が実装する
かもしれな
いんだし

デモの手順
とかも全員が
理解できてる？

ワラワラ

はーい
全員集合〜

ホワイト
ボードで
説明して
ください

たしかに…

俺が考えて
たのは……
こんなの
作れば
……

その考えは
なかった

はあく

つまり
こんな作業が
必要っ
すね

そうそう

いやー
認識ズレ
てたね

110

素早くリスクに対処する

スプリントは順調かな!?

昨日はずっと計画づくりをしていたので、今日がスプリントの実質初日だ。さて、まずは何をしないといけないんだろう？

デイリースクラム始めるよー！

とくに決まってないので、あとでサブリーダーさんに決めてもらいます

一番上のをやればいいですか

あとで考えます

初日なのでじゃあみんな今日やることと困っていることを順番に話してみようか

なんで僕を見るの……

困っていることはとくにありません

あ、そう……

次の日——

今日はスプリントゴールに向けて**昨日やったこと今日やること困っていること**を話そう

僕は昨日のが終わってないので今日もがんばります

私はずっと実装してました今日もやります

僕は午後会議だったのであまり進んでません今日は終わると思います

困っていることはとくにありません

ふーん僕をそんなに見るなよ……

どこかに問題がないかを検査する

　スプリントが始まったら、基本的にはスプリントプランニングで洗い出したタスクをこなしていくだけだ。けれど、スプリントプランニングで確実だと思える計画を作っても、本当にスプリントの目標（スプリントゴール）を達成できるか不安だろう。スクラムでは、目標を達成できるように毎日15分だけ開発チームが集まってデイリースクラムというイベントを実施する。なぜ開発チームが毎日ちょっとした時間集まるだけで安心できるのだろう？　デイリースクラムについて考えてみよう。

デイリースクラムってどうやるの？

　デイリースクラムは、1日1回、同じ時間に同じ場所で毎日開催する。日本では朝会と呼ばれることもあるが、別に朝じゃなくてもかまわない。参加するのは開発チームで、スクラムマスターは必要や要望があれば参加して、司会などをする。それ以外の人が参加する場合は、デイリースクラムの進行を邪魔しないような配慮が必要だ。また、多くのスクラムチームでは、このように立ったまま行う。

進め方は開発チームで決めればよい。議論の形で進めることもあれば、1人ずつこんな質問に答えていくやり方もある。

- スプリントゴールを達成するために昨日やったこと
- スプリントゴールを達成するために今日やること
- スプリントゴール達成の妨げになる障害や問題点

デイリースクラムをすることで、スプリントの状況がわかる。そして、開発チームがプロダクトオーナーやほかの誰かに今の状況を聞かれても、すぐ答えられるようになっていれば、デイリースクラムは終了だ。スプリントは順調に進んでいるか、昨日の問題はどうなったかなどの質問にいつでも答えられるようにしておこう。

これをやればスプリントは
うまくいくの？

デイリースクラムは、スプリントゴールを達成できるかを検査するイベントだ。スプリントゴールを達成するのは、実際に作業を進める開発チームだ。少しでもゴールを達成しやすいように、自分たちで計画をスプリントプランニングで念入りに作ったはずだ。そのまま計画した通りに進めば、大きな問題はそんなに起きないだろう。けれど、ちょっとした問題ぐらいはどうしても起きてしまう。たとえば、いくつかのタスクが漏れていたとか、簡単だと思ったタスクがなかなか終わらないなんてことだ。

スプリントという短い期間では、小さく見える問題でも、放置すると致命的な問題になるかもしれない。でも、早いうちに解決しておけばスプリントゴールは達成できる。そのために、何か少しでも問題が起きていないかを毎日確認して、必要ならタスクを見直して再計画しよう。スクラムでは、これを検査と呼び、とても大切にしている。

スプリントゴールを守るために
毎日検査するんだな

　そのためのうまいやり方が、毎日15分だけ集まるというやり方だ。長時間の話し合いでは、集中力が続かずに問題を見逃してしまう。開発チームが制限時間を必ず守れるように、スクラムマスターは働きかけよう。

　デイリースクラムが始まる少し前に「そろそろデイリースクラムだから何を話すか考えよう」と声をかけるのもいいだろう。タイマーなどを使って、残り時間がわかるようにするのもオススメだ。また、事前にタスクの見積りを更新しておくと問題を見つけやすくなる。もし最初の見積りが3時間でも、実際にやってみて残りが8時間ぐらいかかりそうなら、それが最新の見積りだ。それをデイリースクラムで伝えれば、何かしら問題が起きていることがみんなに伝わる。

そんなにうまく問題なんて
見つかるのかな？

　けれどデイリースクラムは、全員がその目的を理解していないとうまくいかない。たとえば、デイリースクラムが誰かへの進捗報告になっている場合だ。報告に意識が向いてしまっていては、問題を見つけるのは難しいんだ。

　デイリースクラムがスクラムマスターなどへの進捗報告会になっている場面は実際よく見かける。そのときは進め方を工夫しよう。たとえば、「なんで僕のほうを向いて報告するの？」って質問をすれば、目的を思い出してくれるだろう。また、問題に気づきやすい質問も効果的だ。「その作業はあとどれくらいで終わるの？」とか、「スプリントレビューの準備は順調？」とかだ。その質問で開発チームが戸惑っているなら、何かしら問題が隠れているのかもしれない。問題を解決するための話し合いをしてみよう。やり方だって工夫できる。スプリントゴールの達成がテーマになっている限り、やり方を調整して自分たちに合うようにすればいいんだ。

　それでも特定の誰かへの進捗報告会になったままなら、その人はデイリースクラ

ムに参加しないようにしてもらい、開発チームは目的をもう一度考えよう。

目的を理解していないと
進捗報告会になってしまうんだ

　デイリースクラムで問題を見つけたら、すぐに対策だ。デイリースクラムのあとに必要な人だけが残って話し合って対策しよう。こうすれば、形骸化しがちな定例会議を用意しなくたって、必要なときに必要なことを話し合う場ができる。タスクに集中して取り組める時間も増えるんだ。

　問題を見つけたからといって、デイリースクラムの途中で問題の解決について長々と議論しないように注意しよう。集中が切れてほかの問題を見逃がすかもしれない。15分の制限時間があるので、いったん話を切って、あとで議論しよう。

問題はすぐに解決するけど
デイリースクラムではやらないぞ

　スプリントゴールを達成するために必要なタスクがわかるのは、実際に作業する開発チームだけだ。それを見積もれるのも開発チームだけだ。

　見積りは予想なので、必要に応じて更新しよう。そして予想がどうだったかを確認して、問題を見つけよう。問題があればすぐにスプリントの残りの進め方を見直したり、何か対策したりしよう。そうすることでスプリントゴールは達成できる。これがデイリースクラムでやりたいことなんだ。

　同じ時間と場所で毎日開催するのは、問題にすぐ対処するためだ。毎日自分たちの状況を検査して、見つけた問題はすぐに対処しよう。こうしてスプリントゴールに向かって作業を進めていけば、結果としてスプリントは順調に進む。これを積み重ねることで数スプリント先やさらに遠くの予想も安心なものになるんだ。

　じゃあ、そろそろ「ボク」たちのスクラムチームがスプリントに問題がないかを検査して、スプリントゴールに向かっているか見てみようか。

はーい じゃあ
今日も3つのテーマで
話していこうか！

今日は実装をしてました
今日も続きをやります
困ってることはとくに……

あと
どのくらい？

あと何時間で
終わる？
午後は何やる？

午前中には
終わるかな……
午後は何を
やっていいか
よくわかってなくて
……

困ってること
あったじゃん!!
ほかの人も
終わっていない
って言ってたよね
このあと
相談しよう

それも
困ってる

このイベントは
開発チームのもの
だから、ゆくゆくは
自分たちだけで
やってほしいんだ

ぽか～ん……

ちょうど明日から
僕はこの時間に自席で
別作業あるから
任せたよ
ダメなときだけ
サポートするよ

は～い

悪いけど
よろしくね

本当は
別の作業
なんて
ないん
だけど……

これって間に合うのかな？

開発チームだけでデイリースクラムも実施できている。スクラムにも慣れてきたみたいだけど、このままうまく進むかな？

▶ 問題になる前に見つけるんだ!!

　スクラムで開発を進めていくのは簡単だ。問題になりそうなことを早く見つけて、大きな問題になる前に対処する。そして、軌道を微調整していくだけだ。さらにスプリント中はスプリントゴールの達成についても同じようにする。問題になるということは、開発に何らかの影響は出ているということだし、もしかするとすでに手遅れになっているかもしれない。だから、問題になる前に見つけていきたい。とはいえ、問題になりそうなことを見つけるのは想像以上に難しい。スクラムではそうしたことを早く見つけるために、透明性を大切にしている。透明性とは何かを考えてみよう。

問題になる前に見つけて対応するんだな

　問題になりそうなことは、個人でどうにかしようとしがちだ。実際に作業を進めていくと、思っていたよりうまくいかないことぐらいあるだろう。実は、それも問題になりそうなことだ。とはいえ、作業がうまくいっていないことを人前で言うのはなんとなくイヤだし、周りも自分の仕事は自分で解決するべきだと思っていたりもする。だけどその作業は、スクラムチームが達成すべきことのためにやっているので、もしかするとスクラムチーム全員に影響してくるかもしれない。それが問題になりそうなことならなおさらだ。スプリントの期間は思っている以上に短いので、どんなささいなことでも見逃さないようにして、スクラムチーム全員で対処しよう。いち早く見つければ、それはまだささいなことなので、作業している人にちょっとしたアドバイスをするぐらいで解決できるだろう。

デイリースクラムとかで
意識してやっていけばいいのかな？

　スプリントの中で問題になりそうなことを見つける機会の1つがデイリースクラ

ムだ。そこで素早く見つけて対応するんだ。

　けれど、問題になりそうなことを見つける観点や基準は、人によってさまざまだ。最近書いたコードが以前より質が悪くなっているとか、調べていることがなかなかわからなくて想定より時間がかかってしまったとか、一人ひとりがすべてを判断するのは大変だ。でも、見落としてしまうと対応が遅れてしまう。

　そのためにスクラムチームがあるんだ。誰にでもすぐにわかることは各自で確認すればいいけれど、なかなか見つけにくいようなことは色々な人の視点を使わないといけない。それぞれが気づくことを集めれば、問題になる前に見つけることができるんだ。

スクラムチームで見つけていくんだな

　もちろん、こうした確認はできれば頻繁にやったほうがいい。けれど、なんでも全員で確認なんてできないし、全員の状況や意見を聞いてまわっていると時間がいくらあっても足りない。だったら、自然とみんながいつでも気づけるようにしておこう。実は、それはちょっとした工夫で実現できるんだ。

　たとえば、タスクボードだ。これは、スプリントが順調に進んでいるかどうかを確認するのによく使われている。やり方は簡単で、スプリント内で実施するプロダクトバックログの項目とそのためのタスクを、開発チームの見えるところに全部貼り出すだけだ。そのときに、それぞれのタスクの状況をわかりやすくするために、未着手（ToDo）、着手（Doing）、完了（Done）といったタスクの状態ごとの列を設けて、それに合わせて貼っておく。新しいタスクが見つかれば未着手の列に置けばいいし、タスクの状態が変われば貼る場所を移動させていこう。必要なものは、付箋とホワイトボードぐらいだ。これをスプリントバックログとしているスクラムチームも多いんだ。やることは簡単なので慣れてくれば、デジタルのツールでもできるだろう。

プロダクトバックログの項目

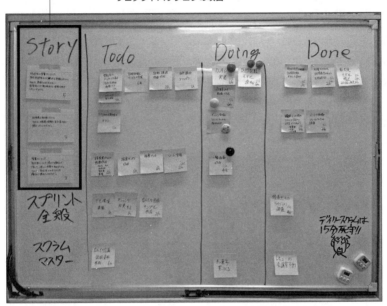

　こうすれば、スプリント内のタスクがどれくらい未着手なのかとか、どれが進んでいないタスクなのかも一目瞭然だ。工夫の余地はまだまだある。それぞれのタスクを最新の見積りに更新するのも忘れないようにしよう。いざタスクに着手してみたら想定と違っていてスプリントゴールの達成に影響がありそうだ、みたいなことにすぐに気づける。また、誰がどのタスクをやっているかがわかるように印をつけておけば、タスクを抱えすぎている人が誰なのかもわかる。着手中でずっと進んでいないタスクがあれば良くないことが起きている可能性が高い。それを見つけやすくするためにその列に留まっている日数を書きこんだりするのもいいだろう。

タスクボードを使えば、
タスクの状況を把握できるぞ

　また、グラフなどの図であらわしておくのも効果的だ。代表的なのが、スプリントバーンダウンチャートだ。スプリントでの進み具合が大丈夫なのかを確認するに

は、スプリントの最後までに残タスクの見積り時間がすべて0になるように順調に減っていくかを確認すればいい。それをグラフにしたものだ。

縦軸にタスクの見積り時間の合計、横軸にスプリントの営業日を書いて、折れ線グラフを作る。そして、初日に合計した見積り時間が最終日にゼロになるように線を引いておく。この線を理想線と呼ぶ。あとは毎日決まった時間に残っているタスクの見積り時間の合計を記入してプロットすれば、理想線と比較することで順調かどうかがわかるんだ。

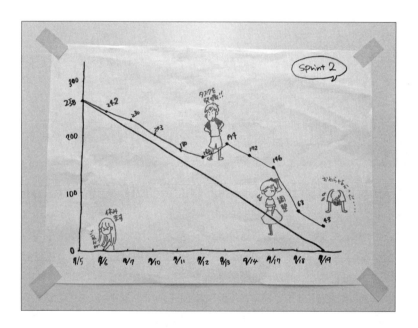

このように、見えにくいことをどんどん透明にして、スプリントゴールの達成を邪魔しそうなことに気づけるようにしておこう。そうすれば、うまくいっていないところを指摘しやすくなり、問題は起きにくくなるんだ。

ただし、せっかく貼り出しても誰も見ていなければ意味がない。どうしてこういうことをするのかがわかっていないと、効果は出てこない。そのために、なぜ行うのか、何を確認したいのかをスクラムチームで理解しておこう。

単に貼り出しただけではダメなんだ

スクラムチームで確認したいことは、スプリントゴールの達成以外にもまだある
はずだ。もしリリースが期待されている日があるなら、今が順調なのかも気になる
だろう。だったら、リリースバーンダウンチャートを書いてみるのもいいだろう。
まだ完成していないプロダクトバックログの残量に注目しよう。未完成な項目の見
積りの合計をプロットして、スプリントバーンダウンチャートのように折れ線グラ
フであらわすんだ。また、プロダクトオーナーの作業が順調なのかが気になるなら、
タスクボードにプロダクトオーナーのタスクを貼り出してみるのもいいだろう。

もちろん、何でもかんでも透明にすればいいってもんじゃない。透明性を高める
ための活動ばかり増やしたって、開発は進まない。みんながうまくいっていないと
感じる部分や失敗しそうな部分に注目しよう。透明性の実現は工夫しがいのある活
動だ。ちょっとした工夫でいろんなことを手軽に透明にすることができる。スクラ
ムチームで色々とアイデアを出してみることから始めてみよう。

ほかにもいろんなことを透明にできるんだ

開発を安心して進めていきたいなら、うまくいっていないことをわかるようにし
ておこう。うまくいっていないことは隠したい気持ちになるかもしれないが、それ
では問題の発見が遅れてしまうんだ。いつでも見えるようになっていれば、大きな
問題になる前に気づくことができる。

何かがうまくいってないと感じるときは、スクラムチームが見落としていること
があるのかもしれない。まずは、それを透明にすることから始めてみよう。

じゃあ、そろそろ「ボク」たちのスクラムチームが、自分たちの状況を透明にで
きたかを見てみよう。

よし！
もっと**状況を
わかりやすく**
しよう!!

大きめの模造紙と
ペンと
定規、電卓……
っと

何してるんだろー

いや、
いいよー

カタカタ…

手伝い
ましょう
か？

よし、
できた！

何です
か？

今から
説明する

まず
これは
タスクボード

かくかく
しかじか

チェックの
ついたやつは
DONEだって
わかるけど

何がやりかけ
なのかがわからな
かったから
DOINGに
貼っていってね

何が完成したかを明らかにする

だいたい終わってまーす!!

はじめてのスプリントも終わりが近づいてきた。さて、
みんなはスプリントの最後に何をするかわかっているかな?

確実に完成させてから進むんだ!!

　スプリントは、スプリントレビューとスプリントレトロスペクティブの2つのイベントを最後に開催して終わりだ。スプリントレビューは、今回のスプリントで完成したものと今後について明らかにしていくイベントだ。そして、スプリントレトロスペクティブは、今回のスプリントでの作業の進め方を確認して、次のスプリントをよりうまく進めていくために用意されている。日本では、よく「ふりかえり」と呼ばれている。ここでは、スプリントレビューについて考えていこう。

どうやって進めていくの？

　スプリントレビューでは、スプリント開始時に決めたプロダクトバックログの項目のうち、完成したものを披露して、今後のためのフィードバックを引き出す。

　進め方はこうだ。プロダクトオーナーは、何が完成していて、何が完成していないかを説明する。そして、開発チームがそれぞれ完成したものを説明しながらデモをする。それから、内容について質問や議論をする。話し合うのは、完成したプロダクトバックログの項目だけじゃない。今後の見通しについてもフィードバックを得て、この先の開発を適切な方向に進められるようにプロダクトバックログに反映させる。また、開発チームは、スプリントでうまくいったこと、問題点、どう解決したかについても話して、スクラムチームの現状をより詳しく理解するための情報を共有したりする。

　参加するのはスクラムチームだけじゃない。必要であれば、プロダクトオーナーは重要なステークホルダーも呼ぼう。招待するステークホルダーは、どう実現したかを見てほしい人と今後についての議論に必要な人たちだ。こうすることで、よりフィードバックや協力を引き出すことができる。

どうしてデモをするんだろう？

スプリントで作るものはさまざまだ。それはソフトウェアだけではなく、重要なドキュメントの場合も当然ある。たとえば、リリースした後に運用を誰かに引き継いでいく必要があれば、そのための運用マニュアルが必要だろう。ただし、ソフトウェアの場合は使えるものでないとダメなんだ。

ちゃんと要望通りに作ったと報告されても、動くものも見ずに鵜呑みにすることはできない。言葉はあいまいで表現も認識も人によってバラバラだからだ。そのため、実際にできあがったものをデモをして目で見るのが一番確実なんだ。

けれど、デモをする本当の目的は、実際に動くものを触ってみて、本当に期待した通りに使えるか評価したり、もっとよくするためのフィードバックを得たりすることなんだ。たとえば、外出先で日報を入れやすいようにと開発したのに、実際にできあがったものを触ってみると、とても使いにくいものだと気づいたりする。こうしたことが今後を考えるうえで重要な手掛かりなんだ。

これは、実際に動いているソフトウェアでないとわからない。決して画面のスクリーンショットを切り貼りして作った資料なんかで代替してはいけない。動かない資料ではわからないんだ。資料はあくまで補助として使おう。

デモはとても重要だ。デモの準備は万全にしておこう。デモで動かないものには、誰もフィードバックできない。そのため多くのスクラムチームでは、デモの準備もふだんから大事な作業の1つとして大切に扱っている。

フィードバックは大事なの？

スプリントレビューは、プロダクトを良くするために行う。プロダクトバックログには、プロダクトに必要だと思うことが列挙されている。たとえば、営業部全体で効率よく営業活動をしたいという期待があったとして、外出先でも最新の情報を

確認できる機能を提供すれば応えられそうなどだ。しかし、ほかにも期待に応える手段は色々あるだろう。今、プロダクトバックログに書かれている内容を実現していくだけで、良いプロダクトになるのだろうか？

　プロダクトバックログに書いたものは、あくまで書いた時点でプロダクトにとって良いと仮定したものだ。その仮定が正しいかどうかを確かめないといけない。それには、実際に動くプロダクトを見たり触ったりしてもらい、フィードバックをもらうのが確実だ。実際に作ったものが期待通りに使われるかや、使い勝手に問題ないかは実際に動くソフトウェアではないとわからない。そして、本当に必要な機能を提供できているかも、まだ実現していない仮定の段階ではわからない。デモをして、率直な意見やフィードバックを得て、はじめてこれらが明らかになってくる。

　また、スクラムチームが置かれている状況も、さまざまな影響によって刻々と変化する。たとえば、狙っている市場の変化や競合製品の動向や、所属する組織の業務フローの見直しや人事異動なども影響があったりするだろう。そして、今のスプリント時点の状況は、当初に想定したよりうまく進んでいないことなどもあるだろう。そうした変化を取り入れて、進む先を調整することで、期待に応えられる良いプロダクトにはなるんだ。

　フィードバックはそのために必要だ。広い視点から出てきた率直な意見やアイデアをまずたくさん集めよう。そして、集めたものを整理してみて、その中から取捨選択してプロダクトバックログに反映しよう。ときには、期待されているリリース日に間に合わなさそうだったり、作った機能が必要なものではないことに気づいたりして、難しい判断が必要になるかもしれない。そのための協力をうまく引き出すためにも、重要なステークホルダーをスプリントレビューに招待しよう。

デモができれば大丈夫なの？

　スプリントレビューで完成したものをデモという形式で披露するのは、フィードバックを得るためにとても重要だ。もし、目の前でデモがうまくできないものに、「これなら良さそうだ」「この部分は気になるかも」といった意見や質問は出ない。ちゃんと完成させるように言われるだけだ。そのためにも、デモの準備は万全にし

ておこう。

けれど、デモができただけで本当に大丈夫なんだろうか？　ソフトウェアは、中身も大事だ。見た目は大丈夫そうでも、コードの品質が悪かったりほかに影響するバグがあれば、期待に応えられないので意味がない。

これはプロダクトオーナーと開発チームとで認識が異なっていると起きてしまう。プロダクトオーナーは実際に動いているのだからと、すぐにでもユーザーに提供できると思っているかもしれない。しかし、開発チームはあとで細かいところを修正しようと思っているかもしれない。さらにその認識は人によっても違っていたりする。だから、中身について完成を判断できるようにしておく。それが完成の定義と呼ばれているもので、たとえばこういうものだ。

完成の定義

✓ デモ手順の通りに動作する。
✓ publicメソッドのテストコードがある。
✓ 調査した内容はWikiにまとめてある。
✓ 最新の仕様がWikiにまとめてある。
✓ リポジトリからいつでも最新のデモ可能で
　 テスト済みのソフトウェアが取得できる。

完成の定義は、チェックリストのようなものだ。スプリントレビューでデモをするものは、この定義をあらかじめ満たしておかないといけない。たとえば、テストコードはこれぐらい書いておこうとか、デモで利用するデプロイ先をどこにするとかいったものだ。これは開発チームが自分たちの作業を考えるときにも、とても大事な情報だ。完成の定義はスプリントを始める前に用意しておこう。

どうやって完成の定義を
決めればいいのかな？

　最初はプロダクトオーナーが、スプリントごとにどこまで何ができていてほしいかを伝えよう。たとえば、「ベータ版でかまわないので、実際のユーザーが触れる環境を用意してほしい」という具合だ。次に開発チームは、どんな基準を設けるか話し合おう。毎回のスプリントで達成していくことなので、開発チームの実力で達成できそうにない基準では意味がないんだ。周りからのプレッシャーに負けないで、実力に見合ったものにすることが大事だ。

　最後に、プロダクトオーナーが本当にそれでいいかを判断する。スプリントごとに達成すべきことはこれで十分か？　そもそも達成可能か？　完成の定義に含められないことは、いつやるべきなのか？　完成の定義はプロダクト全体に影響することなんだ。

完成の定義は、スクラムチームで
合意しないといけないんだ

　スプリントごとに完成の定義を満たしていくが、実際にすぐリリースできるとは限らない。たとえば、セキュリティやパフォーマンスに関する検証は必要だし、ドキュメントを用意する必要もあるかもしれない。そのため、完成の定義は実際のリリースで求められる品質基準とは分けて考えてもいい。スプリントごとに達成できるチームもあるし、数スプリントごとに達成するチームや、大きなリリースのタイミングで達成するチームもある。そのときに役に立つのが完成の定義だ。何が完成しているかがわかれば、やり残していることは明確だ。たとえば、セキュリティの観点で何もしていないのなら、リリースまでにその作業をやる必要がある。

　もちろん、こういう作業を後回しにしていると痛い目を見ることが多い。自分たちの実力と相談しながら、なるべく各スプリントで本当のリリースに近づけていくことは大切だ。そのため、積極的に完成の定義を良くしていこう。スプリントレト

ロスペクティブなどで話し合って、できそうなことが増えたなら、完成の定義を更新するんだ。

まず何が本当に完成したかを
明らかにするのが大事なんだ

　スプリントレビューでは、完成したものを披露して、フィードバックを引き出す。建設的なフィードバックを集めるためには、何が完成したかが明らかでないといけない。そのために、何が本当に完成したかを2つの視点で明らかにする。そのひとつは、開発チームの視点だ。これは完成の定義によって明らかにできる。

　もうひとつは、プロダクトオーナーの視点だ。プロダクトバックログの項目に書かれたことが、意図した通りに実現できているかで判断する。そのために、スプリントプランニングでは着手する項目のデモ手順や受け入れ基準を決める。実際に動いたものを見ると新しいアイデアが浮かんで、それで完成にはしたくないこともあるだろう。けれど、スプリントプランニングで決めたことが実現できていれば完成なんだ。そこで出てきた意見はフィードバックとして、この先を考えるための材料にしよう。

　この2つの視点の両方で完成したと言えれば、本当の完成だ。どちらかだけでは、未着手のプロダクトバックログの項目と同じ扱いだ。厳しく感じるかもしれないが、完成していないものをベースにしてもフィードバックをもとにした先の議論なんてできない。まずは本当に完成したものを明らかにしよう。それを積み重ねることで、開発は少しずつでも確実に前へ進む。こうした土台があることで、プロダクトを良くすることに注力できるんだ。

　そして、完成の確認は早いほうがいい。スクラムに慣れないうちは、スプリントレビューまでになんとか完成の定義を満たすことやデモを披露することだけで精いっぱいかもしれない。けれど、スプリントレビューは完成したものを披露し、フィードバックを得るためのものだ。フィードバックを得ることや今後の議論により注力するために、スプリントレビューより前に完成を明らかにしていこう。

　じゃあ、そろそろ「ボク」たちのスクラムチームが、何が完成したかを明らかにできるようになったか、見てみよう。

おーい！
みんな集合！

みんな、何を基準に
して**完成した**と
言っているの？

もちろん！
**スクラム
チーム**
なんだから！

えーっと、
私も？

スプリント
プランニングの
ときに話したね

……

OKとNGを
ちゃんと
決めようと
思うんだ

まず、
デモ手順の
通りに
いかな
かったら
全部**NG**

それじゃあ、
今回リハしたやつは
全部**NG**ってことに
なりませんか？

//まじー!?\\
厳しい!!

//たしかにー

たぶん
大丈夫っ
すっ！

ちゃんと
終わってるか
わかんないほうが
怖いでしょ？

11

先を予測しやすくしておく

あともう1日あれば……

スクラムチームは、透明にしていくことにも慣れたみたいだ。
あ、レビューに間に合わないのが明らかに……どうしよう？

▶ タイムボックスは譲れない!!

スクラムでは、すべてのイベントにタイムボックスが設けられている。もしスクラムを始めたばかりなら、まずはタイムボックスを守ることから始めてみよう。

- スプリントの期間は1か月以内
- デイリースクラムは15分以内
- スプリントプランニングは8時間まで（スプリント期間が1か月の場合）
- スプリントレビューは4時間まで（スプリント期間が1か月の場合）
- スプリントレトロスペクティブは3時間まで（スプリント期間が1か月の場合）

タイムボックスの考え方は簡単だ。制限時間を設けてその中で必要なことをやり、時間内に終わらなかったものは次のタイムボックスに回すだけだ。やることをすべて終わらせるまでにどのぐらいの時間が必要か、というのとは逆の考え方だ。たとえば、スプリントの期間内に作業が終了しなくても、期限がくればその作業は中断されるんだ。中断したものは、次のスプリントで再びやるかどうかから考え直す。

どうしてたった1日でもスプリントを延長するのはダメなの？

スプリントは、タイムボックスの代表例だ。スプリントの期間を一定にして、実際にどこまでできたかを計測する。そうすることで、最低限、絶対に実現したいプロダクトバックログの項目が完成するのに、どれくらいのスプリントが必要かが予測できる。もしその項目の見積りの合計が10ポイントで、各スプリントで3ポイント完成できるなら、4スプリントぐらいは必要だってわかる。逆に、期間の都合でスプリントの回数が固定ならば、何ポイント分まで完成できるかもわかる。先のことを具体的に予測するためには、タイムボックスは不可欠なんだ。

そのため、スプリントの期間は一定でないといけない。ひとたび1週間と決め

たら、それを守り続けるんだ。たとえ、スプリント内で実現しようとしたことが終わっていなくても、スプリントの最終日が来ればそこで終わり、延長は一切なしだ。もし、1日でも延長したら、ほかのスプリントとは比較ができない。つまり、この実績は何の予測にも使えないんだ。たかが1日と思うかもしれないが、リリース時期などスケジュールに関する今後の見通しがわからなくなるリスクを冒してまでスプリントの期間を延長することに、メリットがあるのかどうかを考えてみよう。

ここまで完成させるなら4スプリントかしら？

そっかー、タイムボックスは予測に使うのか

じゃあ、スプリントの期間はどれくらいがいいんだろう？　プロダクトオーナーが計画を見直したり、できあがったものを確認したりするのは頻繁なほうがいいので、スプリントの期間は短ければ短いほどいい。また、周りの状況に頻繁に対処するのもスプリントの期間が短いほうがやりやすい。最初は1週間スプリントから始めるのがオススメだ。1週間では短すぎてバタバタするし何も作れないかもと思うかもしれないが、作るものも少なくなるので計画も実際の作業も簡単になる。もち

ろん必ずしも1週間がよいとは限らない。使っている技術とか扱っているシステムの難易度など、何らかの事情で1週間ではうまく進められないことはある。最初に決めた期間が自分たちに合っていないとわかったら、そのときはスプリントの期間を変えてみよう。ただし、その変更は先の予測を捨てることになるので、何度も行っちゃいけない。今回だけ変更なんてのは、もってのほかだ。

スプリントの期間は
短いほうがいいんだな

じゃあ、スプリント以外のタイムボックスは何のためにあるんだろう？　デイリースクラムが15分で終わらなくても、とくに何も困らないように思うかもしれない。だけど実は、タイムボックスによってスクラムチームの実力がわかるんだ。

もし15分でデイリースクラムが終わっていなければ、どうなるだろう？　時間が長くて途中で疲れたり飽きたりしていて、スプリントゴールの達成に向けて問題がないかどうかの検査のイベントとして成立していないかもしれない。また、スプリントプランニングが何日もかかるようなら、おそらくスクラムチームの実力以上のことを計画しようとしているはずだ。もしかすると、スクラムのイベントについての理解が不足した状態で開発を進めているのかもしれない。

つまり、タイムボックスが守れないということは、スクラムチームが未熟なことのあらわれなんだ。そして、スクラムで開発をうまく進めていくためにも対処したほうがいい箇所を指し示してくれている。その機会を奪わないためにも、タイムボックスは延長してはいけないんだ。

そっか、タイムボックスで
スクラムチームの実力が測れるんだ

では、どうすればタイムボックスを守りやすくなるのだろう？　もしかしたら、準備が少し足りていないだけかもしれない。たとえば、デイリースクラムを時間内に終わらせる自信がないなら、前もって何を話すか準備しておこう。

最も大事なのは、扱うものを小さくすることだ。遠い先までの計画を見直したり、はるか先のリスクまで考え抜いたりするのはとても大変なことだ。一度に扱えないなら、小さくして扱おう。先のことを詳細に計画するのが大変ならスプリントの期間に収まる分だけを詳細に計画すればいいし、リスクも1日分を見つければいい。そのためのタイムボックスだ。扱うものが小さいと、より具体的にイメージでき、確実にこなせる。そうすれば開発も確実に前に進んでいくんだ。

　タイムボックスに入らないようなことを無理やり押しこめても、開発は思ったようには進んでいかない。結果として、期待されているゴールの達成をおびやかすんだ。そうならないように、自分たちの実力でこなせる量にしていこう。

タイムボックスに入るように
していくのが重要なんだ

　タイムボックスを守っていくことは、とても重要なことだ。先のことを予測したり、スクラムチームの実力を測ったりもできる。そして、その積み重ねがこの先の開発を確実に進めることにもつながっている。

　スクラムで決められていることが絶対ではないので、自分たちに合った形にしていくことも大切だ。たとえば、スプリントプランニングで入念に時間をかけて取り組んだほうが仕事がしやすいスクラムチームもあるだろう。そのため、タイムボックスを変えたりするかもしれない。けれど、それは決められたタイムボックスを守れるようになってからなんだ。

　タイムボックスがあることで、スクラムチームは成長していく。守れないようなことがあれば、そこから準備が足りていないことに気づいたり、このイベントでは何を求められているかを考えたりするだろう。そうしたことを積み重ねていくことで、スクラムチームは強くなるんだ。その機会を奪わないためにも、タイムボックスは変えちゃいけないんだ。

　じゃあ、そろそろ「ボク」たちのスクラムチームがタイムボックスを守れたかどうかを見てみようか。

少しずつ前に進もう

ふりかえりは少しずつの改善でもいいんです。

あなたのチームが大きな問題に直面していて、ふりかえりの中で「どうすればいいのかわからない」と思考が停止してしまい、意見が出なくなってしまった経験はありませんか？ それは、ふりかえりで「すべてがうまくいくようにしなければいけない」と必要以上にプレッシャーを感じてしまっているからかもしれません。

ふりかえりでは、1回で問題をすべて解消するのは困難です。問題を解消するためのアクションも、未経験のアクションではうまくいかないことも多いでしょう。そう、問題をきれいさっぱり解消すること自体に不確実性が伴う、アジャイルな考え方が適用できる世界なのです。

問題を100%解消しようとすると、なかなかアイデアは出ないかもしれません。でも、1%だけでも前に進めるアイデアであれば、色々出せそうですよね。ふりかえりでは、その1%の改善のアイデアを考えてみましょう。大きすぎて解決策が見えてこないような問題でも、少し手をつけてみると、どこから取り組めばいいのかが見えてくるかもしれません。ふりかえりのアクションも「小さくやってみる」。そして、アクションをやってみた結果をまた次回のふりかえりでふりかえり、次の一手を検討しましょう。

そして、アクションを検討するときには、SMARTを意識するとより効果が高まります。SMARTとは、以下の頭文字を取った言葉で、アイデアをより具体化するために便利な指標です。

- Specific（具体的な）
- Measurable（計測可能な）
- Achievable（達成可能な）
- Relevant（問題に関連のある）
- Timely/Time-bounded（すぐできる／期日のある）

1%を改善できる、SMARTなアクションを検討したら、そのアクションを忘れずに次のスプリントに入れておきましょう。そのアクションが実施されることによって、成否にかかわらず、また新たな気づきが得られます。

少しずつ、少しずつ前に進む。そうしたことを意識して、ふりかえりを実践してみてください。

（森 一樹）

スプリント＃１ 8/XX ー 8/XX

Todo   Doing   Done

【スクラムマスターのメモ】
ようやくスクラムイベントのやり方はわかってきたぞ。
まだスプリントで予定したものは全部終わらせられないけど、
透明性は確保できてきた気がする。これでうまく進むといいんだけど……

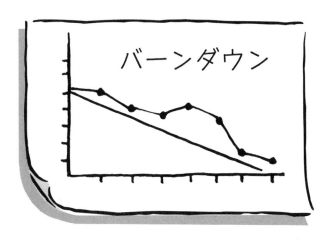

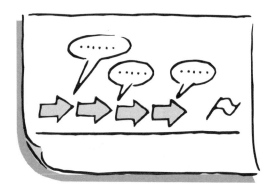

次にやることを明確にする

少し早く終わったぞ!!

前のスプリントははじめて計画通りにうまくいった。
今回のスプリントも予想以上に順調だ。もう安心かな!?

次にやることは誰もが知っている

スクラムでは、プロダクトバックログにしたがって開発を進めていく。当然、開発を進めていくと色々なことに遭遇する。プロダクトバックログの項目（プロダクトバックログアイテム）がスプリントに収まりそうにないときや、スプリントで予定したものが早く終わってしまったときは、どうすればいいんだろう？　また、スプリントレビューで新しく発見したことは、どう扱えばいいだろう？　これらすべてはプロダクトバックログで扱うんだ。じゃ、それをどうやるのかを考えてみよう。

今回は早く終わって
困っているんだけど……

もし、スプリントで予定していたものが早く終わったら、ふだんあまりできていないリファクタリングや自動テストを充実させるのもいいだろう。開発を先に進めたければ、次に何をするかはプロダクトバックログを見れば簡単にわかる。次のプロダクトバックログの項目をやればいいだけなんだ。開発チームからプロダクトオーナーに「早く終わったので次の項目に着手します。ここの仕様はこれでいいですか？」と連絡するだけだ。

プロダクトバックログには順序がついていて、先に実現したいものが上に並んでいる。スプリントプランニングで選択した項目が完成したら、次は順にその下の項目をやればいいんだ。そして、次にやることがわかっていれば、プロダクトオーナーも開発チームも、どの項目の準備や必要な調査をすればいいかがわかる。けれど、もし順序が不適切だったら、いざ次の項目をやろうとしたときに、どれを次に実現したいのかまず確認しないといけない。

プロダクトバックログの順序は、作業を円滑に進めていくためにも大切なんだ。ふだんから順序を見直しておけば、プロダクトバックログを見るだけで次にやることがわかるんだ。

プロダクトバックログの順序は常に見直しておくんだな

　それから、プロダクトバックログの項目の並び順はすぐに入れ替えできるようにしておこう。たとえば、スプリントプランニングで「この項目は今回のスプリントに含めるには少し大きくて終わらないと思うので、その下の小さい項目を先にやりませんか？」というように、柔軟に入れ替えができるぐらいがいいんだ。でも、プロダクトバックログのはるか下のほうの順序はあまり気にしなくていい。プロダクトバックログにはスプリントレビューで得られたフィードバックなども追記されるので、順序はすぐに変わってしまう。順序をつけるときは、直近の数スプリント分ぐらいに注力しよう。早く実現したいものが漏れていないか気をつけてさえいれば、順序はそこまで厳密に考えなくていいんだ。

直近の項目の順序が一番重要なんだ

　では、あと2ポイントぐらいできそうなのに、手軽に入れ替えられる項目がない、なんてときはどうしよう。そのときは、次の項目から2ポイント分やればいい。多くのスクラムチームでは、適切にプロダクトバックログの項目を分割して、着手するものを調整している。

　もちろん、分割するときには注意が必要だ。たとえば、分割しやすいからといって画面だけ作ったりするのはダメなんだ。スプリントレビューでは実際に動いているものを見て、フィードバックがもらえるようになってなければいけない。

　たとえば「外出先で得意先のことを知りたい」という項目では、「ノートPCとスマートフォンの両方で見られるようにしてほしい」ということが求められているとする。それを一度に作らずに、ノートPCで見る機能とスマートフォンで見る機能を分けるようにするのが分割だ。そして、先に着手するのは、外出先でよく使われるスマートフォンのほうだ。先にスマートフォンで動くものを作ってみると、

外出先での使い勝手など色々なことがわかるだろう。こういうふうに、分割するときには何を先に実現するといいかまで考えてあげよう。開発チームが実現したいプロダクトバックログの各項目についてよく知っておけば、調整して分割することができるようになる。そして、開発をより円滑に進めることができるんだ。

分割したら、開発チームが
プロダクトバックログに書いていいの？

　このように分割をして調整した項目は、開発チームが中心となってプロダクトバックログに書きこもう。もちろん、スクラムチームの中で確認しながら進めるのが大事だ。開発チームからプロダクトオーナーにひと声かければ済むだろう。

　では、着手する項目の調整をするとき以外に、開発チームがプロダクトバックログに項目を追加したいときはどうしよう？　たとえば、本番環境の構築に時間がほしいので、そのための項目を追加したいとかだ。実は、誰でもプロダクトバックログに追加していい。それはスクラムチーム以外の人であってもかまわない。

　この開発の中で実現したいことや、もっとこうしたほうがいいということは、なるべく多く集めないといけない。また、ある程度の時間が必要な作業もプロダクトバックログに追加すればいい。プロダクトバックログは、そうしたことがすべて記載されている一覧でないといけない。そうでないと、スクラムチームはプロダクトバックログのほかに何かを見る必要があるのではと悩んでしまう。

誰もが書いてしまったら、
混乱するんじゃ？

　そうして色々なことが追記されたら、それらを本当に実現すべきかどうかを判断しよう。実は、それがプロダクトバックログに順序をつけるということなんだ。一番上のものが直近で実現すると判断したものになる。逆に下のほうのものは、余力があれば実現するか、実現しないと判断したものだ。こうした順序を最終的に判断して責任を持つのはプロダクトオーナーだ。開発チームの時間を使って何を本当に

実現すべきかは、プロダクトオーナーが決めるんだ。

順序を決定するのは
プロダクトオーナーの大切な仕事なんだ

　こうした判断は日々行うので、プロダクトバックログに追記するのに気兼ねをする必要はない。スクラムチームが達成すべきゴールにとって大事だと思うことはどんどん追記しよう。もちろん、いつ着手するかは分けて考えたいので、ひとまずプロダクトバックログの下のほうに置いておこう。そして、新しく追加したことをきっかけにして、それがどうして大事なのかをスクラムチームで考えていこう。それは全員が新しい視点を学ぶための重要な機会にもなる。

　たとえば、期間が決まっている開発だとしても、プロダクトバックログへの追記は、リリース間近でもやっていこう。いまさら追記しても仕方がないと思うかもしれないが、常にそういう視点を持っていることが大事だ。リリース間近であっても、少しのことで大きな成果をもたらすことが出てくるかもしれないし、それを意識することが作業に良い影響をもたらす。開発が終わりそうだからといって手を抜いては良い結果につながらない。それは次の開発にもきっと生きてくる。

　実は、プロダクトバックログは空っぽにはならない。開発が続くか終わるかは別として、少しでも良くしようとするのが、スクラムの原動力なんだ。もし、プロダクトバックログに誰も追記しなくなっていたら、それは良くない兆候だ。

そんなに頻繁に追記したり、
見直したりするのは大変そう

　プロダクトバックログは開発を続ける必要がなくなる瞬間まで追記されたり、順序を見直したりするものだ。ときには不要なものを削除したりもする。このように頻繁に変更されても平気なように、シンプルな一覧の状態を保ち続けるんだ。

　たとえば、早く実現したいものを重要度の5段階評価であらわしたりしたほうが見やすいと思うかもしれない。だけどそれじゃ次に何をやればいいのかわからない

し、どの項目と調整すればいいのかもわからない。単純な順序だけなら、何が重要かはすぐにわかる。変更もしやすいし、次に何をやるのかは、誰でもわかるんだ。実際、プロダクトバックログを頻繁に変更しやすくするための工夫をしているスクラムチームは多い。たとえば、付箋やハガキサイズの紙のカードといったアナログな道具でプロダクトバックログを作るのは代表的な例だ。いつでも書けるし、並び替えられる。いらないものはゴミ箱に捨てるだけで済む。また、アナログな道具以外では、スプレッドシートやGitHubのプロジェクトボードなどのツールもよく使われている。シンプルな一覧を作りやすいし、スクラムチーム以外の人も追記しやすいのが理由だ。

プロダクトバックログ自体を
頻繁に更新しやすくしておくんだ

プロダクトバックログは単なる一覧だ。それに対して行うのは、追記したり並び替えたりといった単純な作業だけだ。そして、スクラムチームは、この一覧にしたがって開発を進める。スクラムチームにとってとても大事な一覧なので、誰も見てないなんてことにならないように大切にしよう。また、ゴールを達成するうえで必要だと思ったことはどんどん書きこみ、実現するものをより良くできるように考え抜こう。そんな難しいことはできないかもと思うかもしれない。けれど、これは毎日のようにやらないといけない作業なんだ。早く上達するためにも、何度でも追記したり並び替えたりして練習してうまくなろう。

じゃあ、そろそろ「ボク」たちのスクラムチームが、プロダクトバックログにしたがって、開発を進めているかを見てみよう。

おーい
キミちゃんと
相談してきたよ
直前で実現したい
ことに変更はない
ってさ

ガチャ

お、それで？

みんなが
やるべきことは
どこに
書いてある？

バカンスは？

プロダクト
バックログ
ですね

そう

じゃあ、
次に
やることは？

今やってる
やつの
次の項目ですね

そう

じゃあ、
何を
すべき？

うーん、
次のやつに
手をつけたい
かなぁ

なんで？

たいがに……

この先
どうなるか
わからないし
少しでもできる
ことをやっといた
ほうがいい気が
する……

最初のスプリントの
ベロシティはゼロ
だったしね

よし、じゃあ
次にやることも
わかったし
少しでも
先に進めよう

お

152

リリースレゴで「達成の積み重ね」を可視化しよう!!

継続的なリリースを楽しむヒントとして「リリースレゴ」を紹介しよう!

　スクラムのようなアジャイル開発では、プロダクトのリリースはゴールでなくスタートです。リリースは何度も繰り返される活動であり、「積み重ね」ていくことが大切です。市場の変化、複雑な要求、新しい技術、メンバーの入れ替わり……さまざまな困難の中でも継続的にリリースしなければなりません。

　しかし「積み重ね」は、見えづらいものでもあります。ささいな変更から大きな機能追加まで、プロダクトバックログには日々新しい要求が追加され、ゴールのないマラソンのように感じるチームやメンバーもいます。そんなとき、リリースの「積み重ね」も可視化してみるのはどうでしょう？　自分がいたチームでは、リリースするたびにレゴブロックを組み立てていました。レゴには組み立て手順を書いた説明書が同封されています。リリースをするごとに、その手順をひとつ分進めるのです。つまりチームが何かを達成すると、レゴは大きくなっていくのです。大きくなっていくレゴは、チームに自信と勇気を与えます。デイリースクラムの後に組み立てることにすれば、ちょっとしたセレモニーになります。

　「だいぶ形になってきたね」「次はいつリリースできるだろう？」「あと○○と△△が終われば新機能をリリースできるよ！」

　ぜひ、リリースを楽しむ仕組みを導入してみてください。ユーザーを困らせたバグフィックスも、使われなかった機能の削除でさえも、チームとプロダクトの成長の糧なのです。リリースをしたら、みんなで拍手をしてください。少し贅沢なランチに行くのもおすすめです。とくにレゴが完成したときは！　（須藤 昂司）

ここから始まって

こんな感じになり

だんだん大きくなって

完成！（だいぶ早送り）

みんなの自律を促していく
全員揃っていないけど……

みんなようやく慣れてきたみたい。キミちゃんのことをPOと呼んでるし、ベロシティも向上した。今度こそ大丈夫かな？

守っていくのは自分たちだ!!

　スクラムでは、達成すべきゴールに何か変化があったときや、リスクが顕在化して対処しなければいけないときのために、自分たちの進路はすぐに変えられるようにしている。もちろん進路が変わるからといって、勝手気ままに開発を進めていいわけじゃない。スクラムチームで進め方を制御しながら達成すべきゴールに向かう。そのための仕組みがスクラムイベントなんだ。頻繁に確認や対処の機会を用意することで、進路を変えながらもうまく進められる。けれど、スクラムイベントで確認や対処なんてうまくできるのだろうか？　また、スクラムイベントだけで本当に大丈夫なんだろうか？　それについて考えてみよう。

スクラムイベントは
ちゃんとやらないとダメなのかな？

　まず、開発を進めながら、頻繁に確認や対処するのは手間もかかるし大変なことだ。そのため、効率のいい活動でないとうまく継続できない。スクラムイベントがとてもシンプルな活動なのは、頻繁に実施できるようにするためなんだ。

　実は、スクラムイベントは最低限やるべきことに焦点を当てている。そのため、スクラムイベントだけでは足りないことがある。日々の作業の中で、スクラムイベントだけでは足りないことに取り組んでいかないと、柔軟に進路を修正しながら進めることはできないんだ。けれど、足りないことをすべてルールにしてしまうと、膨大なものになってしまう。そんなものは誰も守ってくれないし、さまざまなことが起きる開発現場のすべてを網羅できるはずもない。

　スクラムでは、必ず守ってほしいことだけをスクラムイベントとして定義し、それ以外のことを各ロールへの責務という形で定義することで、スクラムチームに求められていることを伝えている。それに応えていかないと、スクラムはうまくいかないんだ。

デイリースクラムが
ちゃんとできてないんですが……

　スクラムチームは、何を求められているかを知っておこう。スクラムイベントにはそれぞれ目的がある。目的がわからないことは誰も上手にやれない。たとえば、スプリントプランニングは直近の確実な計画を作るためであり、デイリースクラムはスプリントゴールの達成に支障がないかを確認するためだ。

　最初は、誰もこうした目的をちゃんと理解していないかもしれない。そのために、スクラムでは教育係を置いている。それがスクラムマスターなんだ。スクラムマスターは、みんなが目的を理解するまで、粘り強く教えよう。もちろんスクラムイベントだけでなく、各ロールの目的についてもだ。

目的は伝えて
うまくいってたんだけどな……

　けれど、目的がわかったからといって安心しちゃいけない。難しいのは、求められていることを守り続けることなんだ。開発が順調で気が緩みそうな時期や、逆にとても大変な状況でも、変わらずに守り続けられるだろうか？　そのためにスクラムマスターはいるんだ。みんなが守れなくなっていたら、そのことを伝えよう。

　また、守りやすくするための工夫も大切だ。それがスクラムチームのルールだ。求められていることを守るためのルールを自分たちで決めてみよう。これは全員で話し合って決める。ルールといってもそんなにたいそうなものじゃない。たとえば、開発チームには、スプリントを円滑に進めていくことが求められている。だったら、ちょっとでも何か困ったら、すぐに解決したほうがいい。それはデイリースクラムまで待つ必要はない。その行動を開発チームの一人ひとりが確実にとれるように、15分以上悩んだら誰かに相談するといったルールがあってもいいだろう。また、デイリースクラムでは毎日全員の状況を同期して、うまくいっているかを確認する。だったら全員が集まれる時間と場所はどこなのかを決めておけば、明日か

ら全員揃ってデイリースクラムができるだろう。そうしたことをまとめたのが自分たちのルールで、たとえば、こんな感じになる。

ボクたちのルール

- ✓ デイリースクラムは11時からタスクボードの前で行う!!
- ✓ 重要な連絡事項はボードに書いておこう!!
- ✓ デイリースクラムに出られない人がいたら、夕方に追加で報告をする場を開催!!
- ✓ 15分悩んだら、誰かに相談しよう!!
- ✓ 各イベントの5分前には会議室に行く!!

　こうしたルールは、みんなが見えるような場所に貼っておくと守りやすい。このルールには強制力なんてないけれど、誰かに決められたのではなく自分たちで決めたものだからこそ責任を持って取り組めるはずだ。網羅的だけど守られないルールなんかより、このほうが自分たちにとって本当に大事にすべきことが書かれている。

　また、ルールを自分たちで作ることで、スクラムチームが自分たちの責務について考え、前向きに取り組むきっかけにしてほしいんだ。たとえば、ルールを破ったらお菓子を買ってくるというルールを作って、楽しみながら取り組んでいるスクラムチームもある。

　もしルールが守られていないなら、どうしてこのルールを作ったのかを思い出して、必要に応じて見直すのもいいだろう。こういう機会を何度も経験することで、スクラムチームは自分たちに何が求められているのか理解を深めていくんだ。

自分たちの責務について理解しないと
うまくいかないんだ

　スクラムでは、スクラムイベントを形だけやっていてもうまくいかない。それぞれのスクラムイベントやロールは何のためにあるのだろう？　また、何をすべきなんだろう？　こうしたことをスクラムチーム全員で考えていくことで、求められていることに応えていけるんだ。

　そして、それを守り続けるための規律は誰も与えてくれない。それは自分たちで考えていかないといけない。自分たちの規律にしたがって行動し、守れないときは何のためにその規律が必要なのかを何度も考えてみよう。それができるのが、自律した良いスクラムチームだ。これはそんなに難しいことじゃない。何度も何度も考えていけば、自然と身につくものなんだ。

　じゃあ、そろそろ「ボク」たちのスクラムチームが求められていることを守っていけそうかを見てみよう。

うーん……
やっぱりデイリー
スクラムは
全員が揃わないと
意味がないんだ

見積り以上に
時間が
かかってる
タスクが
あるのに
気づいてない

だから
ゆっくりとしか
バーンダウン
しないんだ

ちょっと
チームを
観察して
みるか……

今日は
聞いてほしい
ことがあるんだ

……………
というわけ

なので
このあとちょっと
時間をとって
話してみようよ

なんか
うまくいって
ないと思って
たんすよ

ですよねー

言えよ……

たしかに
ちょっと
気が緩んで
たかも

僕は社内の
若手勉強会に
出てて
最近それが
朝になったんで

へぇー
そんなの
あったんだ!!

あっでも
勉強会はいいっす
一応今回の
開発に関連する
技術では
あるんですが

そういうのは
出といたほうが
いいよ
ぜったい

ダメダメ!!

みんなさえ
よければデイリー
スクラムを
少し遅らせて
みるのは
どうです？

どうしても
参加できない人は
前の日までに
ホワイト
ボードに
書いとくとか

あと、お昼に
困っていること
だけでも簡単に
確認するのは
どうで
しょう？

いいね！

ナイス
アイデア！

すごくいいね！
とりあえずその**ルール**を
守れるようにホワイトボードに
書いておいてもいいかな？

お願いしまーす

はーい！

楽しくふりかえりをするためのテクニック

ふりかえりをより楽しくするためのテクニックを紹介しよう！

ふりかえりは、チームの活動を見直し、未来に向かって加速していくためのとても前向きな活動です。そのため、ポジティブなアイデアを出しやすくしたり、個人が抱えている不安を言いやすい雰囲気にすることが大事です。そのアプローチとして、楽しくふりかえりをしてみてはどうでしょう。もし、あなたのチームのふりかえりが反省会のような雰囲気になってしまっているのであれば、以下の2つのことを意識してみてください。

1. お菓子を準備する

お菓子を食べながら相手のことを批判・否定するのはなかなか難しいものです。お菓子を食べながらふりかえると、リラックスした状態で意見を言い合えるようになります。リラックスしていれば、発想もより豊かになり、面白いアイデアが出やすくなるでしょう。人によっては、甘いものが好きな人、塩気のあるものが好きな人、と好みが分かれますので、事前にアンケートを採ってみたり、みんなでおやつの買い出しに行ってみるのもいいですね。きっと、ふりかえりが「特別な場」になり、あなたのチームの活動をより豊かにしてくれます。

2. 少しでもうまくいったところを見つける

人は、無意識のうちにどうしても問題や欠点を探してしまいがちです。アジャイルやスクラムでは、問題を見つけることと同じ以上に、「うまくいったこと」を見つけて、それをチームみんなで高めていくことが大事です。自分のいいところが見つからなければ、チームメンバーのよかったところを言い合いましょう。その結果、チームの関係性が向上するだけでなく、チームがより前向きになり、新しいチャレンジをしてみる気持ちがわいてくるはずです。

こうした少しの工夫をするだけでも、ふりかえりはとても楽しく、効果的なものに変わっていきます。ぜひ、いろんなことを試してみてください。

（森 一樹）

ベロシティを上げていく

もっと早くできないの!?

みんな少しずつ自律して動けているみたい。そんなある日、
ブチョーに呼ばれたんだけど、何かイヤな予感が……。

またまたー
俺もスクラム勉強
したよー

あの**ベロシティ**ってやつ
最近うなぎのぼり
らしいじゃない？
あと10ポイントぐらい
すぐ上がっちゃうんじゃ
ないのー？

そしたら
1か月ぐらい
前倒しに
できるっしょ？

わかってるん
だから

なんなら
2〜3人
くらい
人を足しても
いいよ

えっと

じゃ、
いいよね？

単純計算なら
そうなりますが……

お金なら ほら
営業部長が出すって
いってるし

いや！
ちょっと待って
ください!!

少し考えさせて
ください
午後には
返事しますんで

お！迫力
ある

えー
まあ、いいや
午後ね

こりゃ困った

直感では
マズいって
わかるんだけど
……

163

ベロシティに惑わされるな!!

　スクラムでは、実際にスプリントでどれくらいのことを実現できたかを計測して、今後のことを予測していく。その計測結果がベロシティだ。実際にどれくらいのペースで実現できているかがわかれば、本当にリリースできそうな日などもわかってくる。だけど、もし周りから期待されているリリース日があるような場合、その日に間に合わなさそうだとわかったらどうしよう？　ベロシティをその期日に間に合わせるために急に上昇させないといけないのだろうか？　それについて考えてみよう。

ベロシティって
上げるようにしていいんだよね？

　実は、ベロシティには良いベロシティと悪いベロシティがあるんだ。ベロシティは先のことを考えるのに不可欠。ベロシティをもとにして、あとどれくらいのことを実現できそうかがわかってくる。でも、そのもとになるベロシティがスプリントごとにバラバラの数字では先のことはわからない。たとえば、前回のスプリントでは20ポイントだったのに、今回は3ポイントという具合だ。これでは先のことを考えるのに役に立たない。ベロシティに求められるのは安定していることなんだ。

　安定しているベロシティが好まれるのは、先のことを読めるからだけじゃない。ベロシティが安定しているのは、良いスクラムチームの特徴だからだ。プロダクトバックログの項目の見積りに多少の誤差はつきものだし、加えてトラブルなんかもそれなりに起こるものだ。けれど、それにうまく対応できているからベロシティが安定している。つまり、スクラムチームの仕事の進め方が順調な証拠なんだ。

ベロシティが上がっていけば
良い気がするけど……

　安定していないベロシティは予測には使えない。それはベロシティが上がり続け

ていたとしても同じだ。もしかすると次のスプリントで上がらないかもしれない
し、急落するかもしれない。先のことを予測するのに悩んでしまうようなベロシ
ティではダメなんだ。

　スクラムチームとしてはベロシティを安定させたいと思っていても、周りから上
げてほしいという声があがるかもしれない。だけど、その声に耳を傾けてはいけな
い。ベロシティを上げることに意識がいくと、別の悪影響が出てくる。それは、ベ
ロシティを上げるように細工してしまうことなんだ。たとえ故意にするつもりはな
くても、無意識にだ。たとえば、ちょっと多めに見積もってしまったり、実装を突
貫工事のように片づけてしまったりするかもしれない。それくらいのことでベロシ
ティは簡単に上げることができるんだ。でもこのような行為は、スクラムチームが
どれぐらい実現できるのかをわからなくするので、この先の予測が信用できなく
なってしまう。それはわざとじゃなくても、結果として開発を進めるうえで大きな
問題をもたらす。

じゃあ、どうしても
上げないとダメなときは!?

　もちろん、ベロシティが上がるのが悪いわけじゃない。ベロシティはスクラム
チームの実力から決まるので、勝手には上がらない。上げるには何かしないといけ
ないんだ。そして、上がったとしても油断しちゃいけない。すぐにそこで安定させ
ないといけないんだ。これさえできれば、とくに何も心配することはない。

　では、ベロシティはどうやって上げればいいんだろう？　思いつきやすいのは、
作業をこなしてくれる人を増やすことだろう。スクラムでも人を増やすことでベロ
シティは上がるかもしれない。ただし、それには入念に時間をかけて取り組もう。
なぜなら、ベロシティが安定しているスクラムチームは、全員が協力して作業を進
めているからだ。新しい人がスクラムチームになじむまでには、どうしても時間が
必要だ。まずはその人にスクラムチームについて色々と知ってもらわないといけな
い。たとえば、今のスクラムチームがどうやって協力しながら仕事を進めているか
とか、達成しようとしているゴールが何なのかなどを理解してもらわないといけな
い。スクラム自体を知らなければ、やり方から学んでもらう必要がある。それがで

きてはじめてスクラムチームの一員になるんだ。ましてや一度に多くの人が新しく参加するというのは無謀だ。人が増えるということは、考えないといけないことも増えるんだ。

　スクラムチームに人を増やしていくつもりなら、あらかじめ計画して取り組んでいこう。たとえば、今後複数チームで開発するつもりなら、どう教育して立ち上げていくかをあらかじめ考えておいたり、最初のリリースが終わったときに引き継ぐ人を育成したりするといったことに早い時期から備えておこう。その結果、スクラムチームとして立ち上がってくるとベロシティは上がるんだ。

人を増やしても、ベロシティは上がらないんだな

　では、今のスクラムチームだけでベロシティは上げられないんだろうか？　そうするには、今より仕事を進めやすくすればいいんだ。もっと作業をやりやすくできる方法は、探せばたくさんある。どんなにささいなことでもかまわないので取り組んでみよう。たとえば、開発チームが今より高性能なPCで開発できたら作業は今よりうまく進まないだろうか？　プロダクトオーナーが次のスプリントの準備に集中できるように、割り込んでくる作業を手伝ってあげたらどうだろうか？　余計な会議の参加をやめられないだろうか？　こうしたことはスクラムチームだけで取り組めるはずだ。作業が今よりうまく進めば、ベロシティは上がるし、継続できればベロシティはすぐに安定する。こういうのを見つけるのも、スクラムマスターの大事な仕事なんだ。

より作業をうまく進められれば、ベロシティは上がるんだ

　ベロシティを上げるのは難しくない。日々の作業を工夫したり協力したりして作業をよりうまく進めよう。これなら緩やかに安定するうえに、次のスプリントで急降下するかもと不安を感じることもない。どうやったらよりうまく進められるかを

考えるための時間として、スクラムではスプリントレトロスペクティブが用意されている。

　開発を進めていくうえで、ベロシティは単なる目安だということをくれぐれも忘れないでほしい。ベロシティに一喜一憂しても仕方がないんだ。単にどれくらい実現できそうかといった先のことを予測するために信頼できるものだから使っているだけなんだ。

　開発を進めるのはスクラムチームだ。ベロシティに惑わされて、成長しているスクラムチームを壊してしまっては元も子もない。スクラムチームの成長はベロシティには反映されないところで実を結んでいる。たとえば、開発を始めたばかりの時期の3ポイントとした見積りのものと数か月後に実現している3ポイントのものを比べてみると、あとのほうがはるかにたくさんのことを提供できていたりする。スクラムチームはスプリントを繰り返しながら少しずつ成長していくので、こうしたことには気づきにくいし、それはベロシティだけではわからない。ベロシティは単なる目安で、劇的にすぐどうにかなるものでもない。その目安を使ってわかったことのほうが、開発を進めるうえでは大事だ。もし今のベロシティだと期待されるリリース日に間に合わないのが問題なら、それを受けとめないといけない。もしかすると、リリースを延期するといった厳しい判断を早いタイミングでしなくてはいけないかもしれないんだ。

ベロシティはあくまで目安なんだ

　じゃあ、そろそろ「ボク」たちのスクラムチームがベロシティに惑わされていないかを見てみようか。

そんなときに新しい
メンバーを入れたら
どうなりますか?

僕たちは
途中で
人を増やした
ことがまだ
ありません
良いやり方も
わからないん
です

がんばれ僕……!!

じゃあ
……

今回の
件は……

ベロシティは10ポイントも
上がりませんし
人を追加したところで
1か月も前倒しなんて
不可能ですっ!!

うわー
言ってもうた

やだなー

それを
営業部長に
言えというわけか

はいっ
何か言われたら
僕が代わりに説明に伺いますっ

ヤバイ……
また大変なこと
言っちゃった……

あれ？
キミちゃん！

ごめんなさい
ボクくん
明日のレビューに
出られなく
なっちゃって

え!!

あれはキミちゃんが
いないと……

でも営業部長に
急にミーティングを
入れられちゃって
どうしても
そこしか時間が
合わないのよ

そっか……

じゃあリスケ
したほうが
いいかな？

ダメよ!!

タイムボックスは
重要なんでしょ？
前回もその前も
うまくいってたんだし、
大丈夫よ
私の出番はデモの内容を
説明するぐらいだったし

あ、次も
会議なの
じゃあ明日は
よろしくね

心配
してない
わ♪

いって
らっしゃ
ーい

これで
いいの
かな……

▶ みんなで協力して進めるんだよ

　スクラムでは、スクラムチームは協力して作業を進める。プロダクトオーナーも大事なスクラムチームの一員だ。たとえば、プロダクトオーナーはスプリントレビューでは大事なことを任されている。それは、実際に動くものをスクラムチームにお金を出してくれた人や、実際の利用者に見せてフィードバックをもらったり、重要なステークホルダーと今後について考えたりすることだ。でも、そんな重要なスクラムイベントに、肝心のプロダクトオーナーがいなかったらどうしよう？

開発が順調でも
参加してもらわないとダメかなー

　スクラムチームが全員参加すると決められているイベントは3つある。

- スプリントプランニング
- スプリントレビュー
- スプリントレトロスペクティブ

　それぞれのロールには各イベントでやるべきことがある。開発チームならどこまで作れるかを判断したり、どう実現したのかを説明したりしないといけない。プロダクトオーナーは、何をどこまで実現してほしいかを伝え、完成したものがゴールを達成できそうか考えないといけない。スクラムマスターなら円滑にイベントが進むようにしないといけない。それは誰でもできるような簡単な作業じゃない。いつもそのことに取り組んでいるからこそできることなんだ。だから、代理を立てたりとかしたって、どうにかできるもんじゃない。

できあがったものを説明するくらいなら
僕でもできそうだけど

スクラムイベントに参加すべき理由はまだある。それは開発をうまく進めるうえで大切な情報を得るためなんだ。開発チームはスプリントレビューに参加することで、作るものにかけられた期待や、全体の状況を知ることができる。スクラムマスターなら、スクラムチームやステークホルダーの状況に異変がないかを知ることができる。こうした情報で、もっと作業はしやすくなる。日々の作業の中でうまくいっていないことも見つけやすいし、何か悩んだときの判断材料にもなるんだ。

スクラムイベントでは
大切な情報が得られるんだ

　プロダクトオーナーも同じだ。ステークホルダーとのやり取りから、ステークホルダーが状況をどのように理解しているかを知ったり、フィードバックをもらったりしよう。もし、ステークホルダーが不満に思っていたり、良いアイデアを見逃してしまったりしたら、スクラムチームへの期待に応えられるのだろうか？　また、開発チームの状況を詳しく知る機会をひとつ失ってもいいんだろうか？　スクラムイベントには参加しないといけないんだ。

　しかし、どうしても参加できないときはあるだろう。けれど、タイムボックスは変更できない。ほかの手段を考えよう。開発チームなら、ほかのメンバーから様子を聞けるだろう。スクラムマスターは、ほかのスクラムイベントを注意深く観察すればいいだろう。

　プロダクトオーナーはどうだろう？　なぜかプロダクトオーナーは忙しい。プロダクトオーナーとして時間を割けそうな人が担当していても、気がつけばほかの作業に追われていたりする。プロダクトオーナーがいなければ、開発は意図しない方向に進んでしまう。けれど、プロダクトオーナーもスクラムチームの一員だ。スクラムチームの問題として考えよう。どうして参加できないのかを聞いて、もし参加すべき理由を理解していないなら、それを伝えよう。粘り強く説得しないとダメかもしれないが、きちんとスクラムチームの一員だと理解してもらおう。

今回は割り込みの作業で
参加できないんだけど……

　問題を見つけたら、すぐに対処しよう。プロダクトオーナーが忙しくて参加できないなら、都合のつく時間に変更しよう。それも難しいなら、プロダクトオーナーの仕事を手伝うのはどうだろう？　慣れない作業を手伝うとは言い出しにくいかもしれない。けれど、その間にも問題は深刻になっているかもしれない。そんなときに率先して行動するのがスクラムマスターだ。プロダクトオーナーを支援するのもスクラムマスターの大事な仕事なんだ。

　プロダクトオーナーは、困ったら、いつもスクラムマスターに助けてもらえばいいのだろうか？　もちろん、そうじゃない。ロールがあるのは、誰かに仕事を押しつけやすいからじゃない。それは問題を見つけやすくするためにあるんだ。

　たとえばプロダクトバックログの順序がまったく更新されていなければ、何か変だと感じるはずだ。それは、プロダクトオーナーがきっと何か問題を抱えているはずだ。すでに完成したと判断したものをしばらくぶりに触ってみたらエラーだらけで全然使えなかった、そんなときは、開発チームが何か問題を抱えているはずだ。問題がどこにあるかをすぐに把握するためにロールはあるんだ。

ロールで担当する部分を分けているので、どこに問題があるかわかるんだな

　問題を見つけたら、スクラムチームで解決しよう。それぞれが抱えている問題をすぐに解決するのは難しいかもしれない。けれど、問題を特定できれば、色々な方法を試すことができる。ときには、問題を解消するために、別の人にロールを替わってもらうといった厳しい判断がいるかもしれない。けれど、まずは別のロールだからと壁を作るのではなく、相談に乗ってあげたり、解決に向けたアイデアを出し合ったりしてみよう。それだけで解決することは多いんだ。こうやってスクラムチームとして協力していけば、大きな問題にも立ち向かうことができるんだ。

　じゃあ、そろそろ「ボク」たちのスクラムチームが協力して進めていけるかを見てみようか。

そりゃ僕にも
わからない
だけどそれを得られる
チャンスは
レビューのときだけ
なんだ！

そこまで
言うんじゃ
……

細切れになるけど
9:00から30分
昼休みと
15:00から30分
17:00から30分
の4回に分けてでいい？

ありがとう！
助かる!!

当然よ
POだもの
その代わり
……

僕は
スクラムマスター
だから
POの支援は
僕の仕事さ!!

私の資料作りと
参加するステーク
ホルダーへの連絡を
手伝って！

もちろんさ！

意図を明確にしておく

うまく伝わってるのかな？

スクラムチームの努力の甲斐あって、無事にレビューを実施
できた。じゃ、肝心のレビューの内容はどうだったのかな？

というわけで
レビューは
以上です

はい……

おつかれさまー

細切れだけど
やれて
よかったです

遅く
なっちゃった
けどね

ボクくん
ちょっと
いい？

実は気に
なっている
ことがあって
……

やあ
キミちゃん
さっきは
おつかれー

今日デモしたのって
見た目も操作性も
現行システムの
ままじゃなかった？

ああ……
うん

現行　　　デモ

なんとしてでも伝えよう!!

　スクラムでは、プロダクトオーナーが開発チームに実現したいものを伝える。とはいえ、うまく伝えるのは簡単じゃない。もしうまく伝えられなくても、完成の確認をしたときやデモを見たときに、伝わっていなかったことに気づけるはずだ。けれど、わざわざ気づくまでの貴重な時間を費やしたくはないはずだ。では、どうやったらうまく伝えられるんだろう？　それについて考えてみよう。

伝えるのはそんなに難しいのかな？

　ひとくちに何かを実現するといっても、ロールによって考えていることが違う。プロダクトオーナーは何を実現したいかについて考えているし、開発チームはどうやって実現するかを考えている。同じものについて話し合っているようでいて、実は考えていることが違うんだ。各自が責任を持つ部分に集中できる利点がある一方で、考えている部分が違うので誤解も生みやすい。

　誤解を生まないために、それぞれの考えていることをお互いにわかりやすく伝えたい。そのやり方の1つが、実現したいものを実際に使う人たちの立場で表現することだ。実際に使う人たちのことは、お互いに気にかけているはずだ。プロダクトオーナーとしては使う人の期待に応えられるかどうかが気になるだろうし、開発チームも、考えていた通りに使ってもらえるかどうかは気になるだろう。たとえば、検索機能を提供するつもりなら、実際に使う人が探したいものをうまく見つけられるか、想定した通りに使っているのかを考えるだろう。

POと開発チームとでは責任を持つ部分が
違うので誤解が生じやすいんだな

　では、実現したいことを実際に使う人たちの立場で表現してみよう。それをやりやすくするのがユーザーストーリーだ。実際に使う人たちの視点で実現したいこと

を簡潔に記述したもので、こんなふうなフォーマットで書かれることが多い。

〈どういったユーザーや顧客〉として
〈どんな機能や性能〉がほしい
それは〈どんなことが達成したい〉ためだ

　この書き方なら、プロダクトオーナーが実現したいことは、こんなユーザーにこういうことを達成させたいという形で目的まで表現することができる。たとえば、「営業マンに外出先でも日報を書いてもらいたい。それは上司が部下の営業マンたちの困りごとをすぐに知りたいからだ」という感じだ。また、開発チームもユーザーストーリーをどう実現するつもりなのかを、ユーザーにどう使ってもらうのかという視点でプロダクトオーナーに伝えられる。たとえば、「ユーザーには、この画面が最初に表示され、ここを押すと日報を入力する画面が表示される。そこでこうした項目を入力して、このボタンで保存する」という感じだ。これはそのままスプリントレビューでのデモ手順として使える。こうしたユーザーストーリーで書かれたプロダクトバックログはこんな感じだ。

ストーリー	デモ手順	見積り
外出先の営業マンとして、毎日訪問先の状況を記録したい。それは最新の状況をもとに営業部として戦略的な営業活動をしたいからだ。	XXX 社の記録ページを表示して、訪問日時と訪問者、商談状況、報告内容を入力して記録ボタンを押す。確認画面にユーザー名が・・・	5
利用者を制限したい。それは機密情報の開示を正社員のみにしてセキュリティを・・・	未ログイン状態でアクセスするとログイン画面が表示される。 キミちゃんの社員番号とパスワードを入力して・・・	3
営業マンとして、取引先についてさまざまな観点で探して、詳しい内容を知りたい。それは取引先とのやり取りを優位に進めたいからだ。	トップページから検索タブを押すと検索画面が表示される。検索条件として会社名、業種、資本金、住所・・・	3
・・・・・・		

ユーザーストーリーの単位で実現していくと、達成すべきゴールを満たせそうかをユーザーに提供したもので判断できる。そして、提供したものをさらに良いものにするためのフィードバックも得やすくなる。

ユーザーストーリーはお互いに伝えやすくて、作る単位としても適しているんだ

それから、ユーザーストーリーで一番大事なのは、ユーザーストーリーの３行目に書かれる部分、つまり、このユーザーストーリーがどうして必要なのかという理由だ。「こういったものがほしい」だけではなく、その意図を伝えよう。こうするとスクラムチームは動きやすくなるんだ。

たとえば、「営業担当として、自分宛てのメッセージを外出先で見られるようにしてほしい」だけでなく「それは移動中でも商談に関係する仕事上の重要な連絡を見逃がさないためだ」という意図を開発チームが知っているとする。開発チームはユーザーストーリーを実現するときに、モバイル端末で見ることが多そうだからもっと大きい文字にしようとか、重要なメッセージは赤で目立つようにしようといったことが考えやすくなる。それに、最初は凝った画面にしたかったのに、そこまで作る余裕がなくなったとしても、重要な連絡を見逃がさないように実現できる。たとえば、重要なメッセージはタイトルを工夫した通知を表示するだけで代替できそうなどといったものだ。

意図がわかっていれば、状況に応じた対応もしやすくなる。大事なのは機能ではなく達成したいことを実現してあげることなんだ。そして、何かの項目をあきらめるときにも、こうした意図は大事な判断材料になる。

ユーザーストーリーではなぜそれが必要なのかその理由を明確に書かないといけないんだな

ユーザーストーリーは多くのスクラムチームで使われているが、うまく書くには慣れが必要だ。たとえば、「ユーザーとして、全ユーザーの一覧がほしい。それは

一度に確認したいからだ」と形式だけなぞっても意味がない。

　誰が一覧機能をほしいのか、それは何のために必要で、一覧機能でどんなことをしたいのかがわからない。たとえば、外出先の営業マンが今週の訪問予定を空き時間の数分以内で確認できる、といったような、少なくとも一番大事な意図の部分がないとダメなんだ。これはユーザーストーリーの形式で書いていないプロダクトバックログでも必要だ。だから、ユーザーストーリーを使わない場合でも、意図を書く欄を設けて明確にできるようにしよう。どうして実現したいのかを簡潔に書けるぐらいにしておくと、スクラムチームは悩まなくて済むんだ。

少なくとも実現したいことの意図を 書かないとダメなんだな

では、意図がはっきりと書いてあれば大丈夫なんだろうか？

　これから実現する項目というのは、すべて頭の中で考えたことだ。それを文章だけでうまく伝えるのはなかなか難しい。ユーザーストーリーには、そのための工夫がされている。それは短さだ。ユーザーストーリーの形式では伝えたいことを全部書き尽くすことはできない。そのため、細かい部分は書かれたユーザーストーリーを見ながら話す必要が出てくる。つまりこれが、うまく伝えるための最も効率的な方法だ。わざと短く書くことによって、実現したいことについてスクラムチームが話し合う機会を頻繁に持つようにしているんだ。そうすれば、実際に着手する前に、具体的にどう実現するかをそのときの状況に合わせて考えることができる。

そっか、頻繁に話し合って伝えていくのが 一番大事なんだ

また、ユーザーストーリーの形式を気にしすぎてもいけない。まだ慣れていないスクラムチームなら、意図を伝えるために、紹介したフォーマットにしたがうのもいいだろう。けれど、長い間一緒にやっているようなスクラムチームなら、もっと短い文章で十分伝わるかもしれない。

どう伝えるかは、状況に応じて考えよう。現場によっては頻繁に話し合うのが難しい場合もある。たとえば、開発チームが海の向こうにいるような状況なら、ユーザーストーリーだけでは不十分だ。画面イメージや受け入れ基準といったことをドキュメントにまとめて、頻繁に話せない分を補う必要があるだろう。

　大事なのは、実現したいものをなんとしてでも伝えることだ。プロダクトオーナーは何を実現したいのかを考え、開発チームはどうやって実現するのかを考える。実現したいことには理由がある。それはスクラムチーム全員が知っていないといけない。そして、それをうまくやるためにできることはなんでもやろう。ユーザーストーリーはそういう方法の1つなんだ。

　じゃあ、そろそろ「ボク」たちのスクラムチームが実現したいことをうまく伝えられそうかを見てみよう。

社員食堂

……てわけで
「何のため」
っていうのは

書いておいたほうが
いいと思うんだ

聞いてる？

ムシャ
ムシャ

聞いてるわよ！

えっ!?

明日の分
ぐらいなら
すぐに
書けるよ！

部長から
事務の人まで
みんなの話は
聞いてるわ

困ってることは
解決したい
って思って
たし

どう困ってる
からどうしたい
って書けば
いいのよね？

そうそう!!
全部書けなくても
口頭で伝えたり
ホワイトボードに
書きながらでも
いいし

じゃ、
決まりね！

手伝うよ

明日の分は
このあとやるわ

残りは来週書きたいから
どこかで時間とってね

もちろん！

スクラムチームを支援していく

何かがおかしいぞ!?

最近は見違えるほどスプリントをうまく進めることができる
ようになってきた。開発はこのまま順調に進んでいくのかな?

じゃあ
今回の
スプリントゴールは
「発注業務の
誤入力をなくす」
にしよう

今回のスプリント
ゴールって
すごくいいですね
今までなかなか
良い表現に
ならなかったけど

たいわに

このままタスクを
具体化して
判断しますが
POの希望している
ところまでは
できそうです!

良かった♪
ご連絡をお待ち
してます!

よし
プランニングは
心配なさそう

あーだ
こーだ

お?

かなり厳しいけど
ペースを落とすわけには
いかないし、POの期待
には応えなきゃね

いつもみたいに
残業してでも
対応するんで!

がんばっ
ちゃおう!

おー!

このあと
時間とれるーっ?

無理っす!
作業進めないと
いけないんで!

遅れが問題になったら
僕が責任とるから
とにかく時間とって!

うぇーい

しぶしぶ

みんなを支えてゴールを目指す!?

　開発を順に進めていくには、スクラムチームが作業をうまく協力して進めないといけない。けれど、スクラムチームが問題を抱えたときはどうすればいいんだろう？　開発チームは実現したいことをどうやって達成するのかを任されている重要なロールだ。たとえば、最初はうまくいっていたことが、途中からできなくなってきたらどうしよう？　何をしないといけないんだろう？　それについて考えてみよう。

> どうも開発チームが
> 問題を抱えているみたいなんだけど……

　スクラムでは、開発チームに色々なことを期待している。その1つがスプリントごとにソフトウェアを届けることだ。それもプロダクトオーナーがこの先のゴールを達成できるかを考えることができる、実際に動くソフトウェアだ。もちろん技術面でも問題がないようにしないといけない。それをずっと継続して届けるのは簡単なことじゃない。でも、それを続けないと意味がないんだ。

　だけど気がつくと、以前より作業がうまく進まなくなっているときがある。たとえば、スプリントレビューで出てきた簡単なフィードバックに対応しようとしたら、コードが読みにくくて該当する箇所が見つけられなかったり、対応のための修正が別の箇所に影響して、思い通りに作業が進まなかったりする。こういう状態だと毎回のスプリントごとに動くソフトウェアを届け続けるのは難しくなってくる。

> どうしてそうなってしまうの？

　こうなる原因で一番多いのは、扱いにくいコードが増えてしまうことだ。たとえば、読みにくいコードが大量にあれば修正箇所を見つけるのも大変だ。扱いにくいコードが増えるほど、まるでふくれあがる借金で首が回らなくなるように修正も大

変になる。これを技術的負債と呼んだりする。そのようなコードが多いほど、開発作業は大変になる。開発に支障をきたす前に、どこかで対処しないといけない。自分たちで扱いきれなくならないように、これまで書いたコードをいつも開発しやすい状態にしておくのは、開発チームの大事な仕事なんだ。

　もしすでに日々の作業では対処できなくなってしまったら、プロダクトオーナーと相談するしかない。無理に進めても傷口は広がっていくので、対処は早いほうがいい。そのためにはスプリントをいったん止めるという判断も必要になるかもしれない。もしくは、問題に対処するための項目をプロダクトバックログに追加して、時期を調整しよう。つまり、対処する時間をなんとか捻出するしかないんだ。そのため、いつどう対処するかはプロダクトオーナーと決めよう。

頻繁にそういうことが起きたら
どうしよう……

　扱いにくいコードを、時間を取って修正したからといって安心できない。気がつけば、またそのようなコードが増えているものだ。こうしたスクラムチームで繰り返し起きがちな問題はほかにもある。たとえば、プロダクトバックログを詳細にするのがいつも遅いとかだってそうだろう。何度も同じ失敗はしたくない。スクラムチームのどこに問題の原因があるのかを探してみよう。開発チームを観察してみると、自分たちの実力以上のことを実現しようとしているために、コードを手入れするところまで手が回っていないということもある。そもそも開発チームがスプリントプランニングで間違った判断をしている場合もある。さらに、プロダクトオーナーとうまくやり取りができていなくて、悪い状況が伝わっていないのかもしれない。

　これはスクラムチームとしていい状態ではない。問題だけに対処しても状態は良くないままだ。この状態をどうにかしなければ、また問題が起こるんだ。

問題を生まないようにしないといけないのか

　スクラムチームを常に良い状態にしておくのがスクラムマスターの役目だ。スクラムチームを観察して、どこがうまくいっていないかを見つけよう。扱いにくいコードの場合でも、どこかに予兆はあったはずだ。

　たとえば、その予兆は書いたコードからもわかる。どうみても良いコードではないのに誰も話題にしていないとか、ほかにも、開発チームが残業続きなのにスプリントプランニングでさらに多くの項目をやろうとしているとかもそうだ。こうしたことを見逃さないように、工夫をしてみよう。実際、何時まで開発作業をしているかとか、テストコードが増えているかを測る仕組みを自動化しているスクラムチームもあるんだ。こういう仕組みはスクラムマスターが率先して準備しよう。良くない状態の開発チームは、こういうことに割く時間さえ作れないかもしれないからだ。

うまくいってないことを
見つけたらどうしよう？

　もしうまくいっていないことを見つけたら、スクラムマスターはみんなに声をかけてあげよう。「大丈夫？」の一言で解決することも多い。また、何がうまくいっていないかがわかっていなかったら、スクラムマスターはみんなにそのことを伝えよう。たとえば、良くないコードが放置されているなら、「これって最初のリリースのあとも機能追加していくんだよね？」とか「リリースしたあとの保守はどうするつもりなの？」という質問をしてみよう。スクラムチームを良い状態に変えるきっかけになるはずだ。

　スクラムマスターは、自分の責務を果たすために、良いスクラムチームがどういうものかを理解しておこう。スクラムイベントのやり方などは本などから学べるけれど、こういうことは自分で考えないといけない。それはとても大事なことなんだ。

スクラムマスターがスクラムチームを
良い状態に保つんだ

　良い状態かそうでないかを判断するのは、そんなに難しいことじゃない。たとえば、みんなが夜遅くまで仕事していたり、スプリント内で完成しそうにないことをうすうす知りながら誰もそのことを口にしなかったりするのは良くないことだ。スクラムが何なのかを知らなくたって判断できる。周りから期待されているリリース日を達成できるかばかりを気にかけて、それを守るためなら仕方ないと見すごしてしまうスクラムマスターも多い。これは、スクラム以外のやり方に慣れた人がスクラムマスターになったときほど陥りがちなので気をつけよう。

　スクラムチームがいつも良い状態なら、開発は順調に進んでいく。達成したいのは期日を守ることなどではなく、本来のゴールを達成することなんだ。みんなにどういう状態が理想なのか、うまくいっていないことが何なのかを伝えよう。開発チームやプロダクトオーナーが自分たちでは気づけないことを解消していこう。ちょっとしたきっかけを作るだけで解消するかもしれない。開発チームやプロダクトオーナーだけでは解消できないことは協力して対応していくんだ。そうすることで、スクラムチームは最大限の力を出せる。

　みんなをサポートして目的を達成させていくのがスクラムマスターだ。こういうやり方は、サーバント（奉仕する）リーダーシップと呼ばれている。みんなの力を引き出せば目的は達成できる。スクラムマスターはそこに注力しよう。

　じゃあ、そろそろ「ボク」たちのスクラムチームが良い状態になりそうかを見てみようか。

前回の
バーンダウン
チャート
見てみてよ

前回のスプリントで
終わらないものが出たのは
社内行事で1日つぶれたからって
言っていたけど……

そもそも
最初から
遅れ気味
だよね？

ああ……
まあでも前回は、
たまたまっす

うーんでも
僕はみんなが
少しでもうまく
作業できるように
原因を知りたい
んだ

わかる
けど……

とりあえず今から
不安に思っていることを
なんでもいいから紙に
書いてみてよ。書けたら
隣の人に回すんだ

追記したり
同じ意見なら
それに投票
してもいいよ

前に書いたコードが
汚なすぎて修正が
大変すぎる +1↑
ヤバすぎ　かなり深刻↑

どれどれ

な!!
なんだって!?

189

より良い状態にしていく

すぐに解決できないよ……

スクラムチームは大きな問題にぶちあたった。解決の糸口は見つかったが、とても時間がかかりそうだ。どうしよう？

少しでも理想に近づけていくぞ!!

スクラムチームは、問題になりそうなことやうまくいっていないことに素早く対処して、開発を進めていく。とくにスクラムマスターはスクラムチームを良い状態にしていくために行動する。その結果として、スクラムチームは最大限のパフォーマンスを発揮していく。これがスクラムで進めていく理想の形だ。けれど、実際はそううまくはいかない。理想と現実にはギャップがあるものだし、問題を見つけても解決に時間のかかるものばかりだ。どれも開発を円滑に進めていくのに邪魔な存在だ。そういったときはどうすればいいんだろう？

どうしても問題が出てくるんだけど……

問題とは、達成したいゴールを直接おびやかしてくるもののことだ。たとえば、バグが多いとか、ほかの部署に頼んだ仕事がかなり遅れているというものだ。ほかにも、プロダクトオーナーの要求が二転三転するとか、扱いにくいコードが蓄積していくのもそうだ。

そして、開発を進めるうえで問題はつきもので、放っておくと取り返しのつかないことになってしまう。そうならないためにスクラムチームの全員が抱えている問題を把握しておくことが大切だ。把握さえできてしまえば、あとは問題が大きくなる前に対処するだけだ。

どうやって把握するといいんだろう？

問題を把握する機会として、デイリースクラムなどのスクラムイベントがある。これによりスクラムチーム全員が問題を把握できているはずだ。けれど、みんなが作業に追われているときなどはうまくできないだろう。また、問題を全員に伝えることに慣れていないスクラムチームもあるだろう。そのときは何かで補ってあげる

必要がある。

　たとえば、問題をタスクボードのように貼り出すのはどうだろう？　これなら、スクラムチーム全員が自分たちに起きている問題が何かを知って、それぞれがどういう状況なのかを知ることができる。そして、問題を報告するのに慣れていないスクラムチームでも、どこに問題を報告すればいいのか悩まなくて済むんだ。

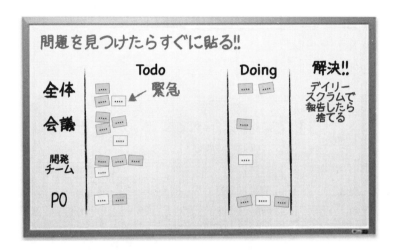

　もし問題が起きてしまったら、なるべく早く対処するしかない。それは日々の作業を進めていくよりも大事なことだ。問題は放置すればするほど、スクラムチームに与える影響が大きく深刻になる。だから、問題の解決も日々の作業として取り組もう。そうすれば、大きな問題だって小さくして少しずつ解決できる。たとえば、遠く離れた別の部署に依頼した作業がいつも遅れるという問題を抱えているスクラムチームは、毎日その部署に連絡して確認する当番を決めて対処している。

　こういうことができるように、スクラムチームが抱えている問題は、包み隠さずに公開しておこう。

達成したいゴールをおびやかすようなことは、全員が把握しておかないといけないんだな

達成したいゴールをおびやかすものはほかにもある。それは、問題を生んでいる
スクラムチーム自身だ。当然だけど、現時点のスクラムチームは理想的なスクラム
チームの姿と異なっている。もしかしたら、デイリースクラムが誰かへの報告会に
なっていて問題の芽を見逃しているかもしれないし、ホワイトボードを使って問題
を把握しようにもホワイトボードを置くスペースさえないかもしれない。

　こうしたことが解消されたら、開発はもっとうまく進んでいくだろう。実は、そ
れに取り組むのがスクラムマスターの仕事だ。理想のスクラムチームを思い浮かべ
て、それに近づけていくんだ。

どうやって理想に近づけていくの？

　まずはどういうことに取り組むかを考えよう。今のスクラムチームは理想と比べ
てギャップがあるはずだ。スクラムマスターは、スクラムチーム全体をよく観察し
よう。気になることはいくらでも見つかるはずだ。たとえば、スクラムイベントで
一方的に話している時間が長いとか、開発チームが使いにくいツールを文句も言わ
ずに使っているのもそうだ。そういうのを見つけたら、なぜそうなるのかを考えて
みよう。もしかすると開発チームがスクラムイベントの目的をよく理解していな
かったり、ほかの使いやすいツールを使ってもいいことに気づいていなかったりす
るのかもしれない。「こうすればもっと良くなるのに」と思うことを見つけよう。

　こういうギャップは、スクラムチームが理想的に進むのを妨げている。このよう
に理想的な姿、活動の妨げとなるものを障害と呼んでいる。たとえば、プロダクト
オーナーがプロダクトバックログの項目を調整しないのは問題だ。けれどその理由
が、プロダクトオーナーがほかの業務の影響でプロダクトバックログを見る時間す
らないなら、その問題を生む原因のほうを障害と考える。障害を取り除くことで、
スクラムチームはより理想に近づく。そうすればスクラムチームが生む問題は減る
んだ。スクラムマスターは、こういう障害になっていることを見つけて、取り除か
ないといけない。

もっと良い状態にできない原因を
管理しておくんだな

　障害となっているものは探せばたくさん見つかるだろう。解決しても効果の低そうなものも、解決するのは大変だけど効果の高そうなものもあるだろう。一度にすべては取り除けないので、まずはそれを管理しよう。よく使われているのが、一覧で管理する方法だ。

　もちろん、この一覧はスクラムマスターの持ち物だ。責任を持って管理しないといけない。これはスクラムチームを理想に近づけていくためのToDoリストなんだ。優秀なスクラムマスターの場合だと、この一覧に50個以上の障害を書いていることもある。そして、この一覧に書いたどの障害をどの順番で取り組んでいくかを頻繁に考える。そのためには、プロダクトバックログのように順序をつけた一覧にしておくといい。たとえば、開発チームとプロダクトオーナーの両方に関係することなので優先的に取り組みたいというのであれば上のほうに置き、解決に時間がかかりそうだから一時的に順位を下げておくといった具合だ。そして、新しい障害を見つけたら、それはすぐに一覧の下のほうに追記しよう。頻繁に見直すものなので順序をつけた一覧にしておくとやりやすいんだ。これも付箋などを使って壁に1列に貼っておくといいだろう。

障害に順序をつけてどれを優先的に
解決するかを明らかにしておくんだな

　この一覧はスクラムチームの見えるところに貼っておこう。そうすれば、スクラムチームを巻き込みやすくなる。たとえば、デイリースクラムが15分で終わらないことを、開発チームは良くないことと思ってないかもしれない。だけど、壁などに貼り出すことで、スクラムマスターがそれをすごく深刻にとらえていることを伝えられる。さらに、解消に向けた進捗もわかるので、協力して解決すべきことも見える。たとえば、開発チームがある技術要素の検証を理解が浅いからといって放置

しているのは障害だ。でも解決のメドが立っていないとする。だったら、まずは自分たちで勉強会を開催しようというアイデアが出るかもしれない。

また、一覧を貼り出すことでスクラムマスターが問題を抱えていることもわかってくる。障害への取り組みに進捗が見られなかったり、新しい障害を見つけていなかったりしたら、スクラムマスターが何か問題を抱えているだろう。スクラムマスターもスクラムチームの一員なので、そのときは周りで助けてあげよう。

そんなにうまくいくかなー

実際に、それぞれの障害を見てみるとどれも大変なものばかりだろう。たとえば、他部署からの割り込みが多くて作業に集中できないという障害を取り除くのは簡単じゃない。まずはスクラムマスターが他部署から依頼される作業の窓口や1次対応役となって、ほかのみんなが集中できる時間を多少作るだけでも精いっぱいかもしれない。もしくは、スクラムチームがうまくいっていないことを見て見ぬふりをする状態だったりしたらどうしよう？　けれど、それに少しでも取り組まないと、いつかは大きな問題を生んでしまう。すべては解決できないかもしれないけど、少しでも良くしていくんだ。

最初は誰も障害どころかスクラムチームのゴールをおびやかすような深刻な問題にも見向きもしないかもしれない。まずは、みんなの見えるところにそれを貼り出そう。そして、スクラムマスターはそれを率先して解決していくんだ。そして、少しずつでも良くし続ければ、周りのみんなも取り組めば良くなるんだと関心を持ってくれる。誰だって、うまくいっていないことを放置してもいいとは思っていない。そして、みんなを巻き込んでもっと大きな障害や問題に取り組もう。そのためにはスクラムマスターは少しばかりの勇気とあきらめずに取り組む粘り強さがいる。それは簡単なことじゃないけれど、取り組んだ分だけスクラムチームは良くなる。そのきっかけに、スクラムマスターはならないといけないんだ。

じゃあ、そろそろ「ボク」たちのスクラムチームが理想のスクラムチームに近づいているかを見てみようか。

197

スプリント＃6　9/XX − 9/XX

Story	Todo	Doing	Done

**スクラム
マスター**

【スクラムマスターのメモ】
なんとなくやっていてもダメだなー。
けど、途中でうまくいってないことも見つけられるようになったし、良くなってきたかも。
最初のリリースまで、このままうまく進んでいくはず‼

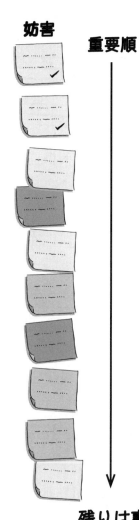

妨害

重要順

チームのルール

残りは裏面に

我われはなぜここにいるのか

先のことをいつも明確にする

今後のことがわからない!?

開発チームがTDDに取り組んでいる成果も出てきた。
スプリントも残すところあと2回。もう大丈夫かな?

やあ
キミちゃん
どう?

いつも
タイミング
いいわね

なに?

待ってました!
ちょっと相談
したいんだけど

営業部の人たちに
プロダクト
バックログには
誰でも要望を
追記していいって
言ったのね

とはいえ、
はじめは
営業部長
ぐらいしか
書いて
くれる人は
いなかった
んだけど

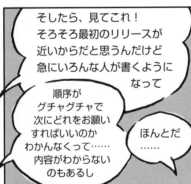

そしたら、見てこれ!
そろそろ最初のリリースが
近いからだと思うんだけど
急にいろんな人が書くように
なって

順序が
グチャグチャで
次にどれをお願い
すればいいのか
わかんなくって……
内容がわからない
のもあるし

ほんとだ
……

このあと空いてる?

うん、
空いて
いるけど

じゃあ、
一緒に考えよう

開発チームに何を
どの順にお願いしたら
いいのか……

なるほど
そりゃ
マズそう
だね

▶ 小まめに手入れしていかなくちゃ

プロダクトバックログは、ずっと更新し続けるものだ。たとえば、大きなプロダクトバックログの項目を分割してできた項目や、スプリントレビューでもっとこうしたほうがいいと思ったことなどを追加する。開発チームが、開発するうえで必要だと思ったことも追加される。こうしていろんなことが追加されると、いつの間にか、プロダクトバックログがどうなっているのか、誰にもよくわからなくなってしまう。では、そうならないためにはどうすればいいんだろう？

プロダクトバックログに書ける人を決めといたほうが……

たとえば、プロダクトバックログに記入できる人を決めてしまうのはどうだろう？　また、追記するためのルールを決めるのはどうだろう？

スクラムチームを取り巻く状況は絶えず変わる。あとから必要なことが出てきたり、もっと良くするためのアイデアも出てきたりするだろう。また、所属する組織のどこかから突然何かが降ってくることもある。こうした状況の変化を整理しながら、スクラムチームとして何を達成すべきかを常に明らかにするのがプロダクトバックログだ。開発をうまく進めていきたいなら、まずは状況の変化を見逃さないことが大切だ。変化に気づくのは開発チームかもしれないし、実際に使う人かもしれない。こういう周りの声はなるべく早く聞いて、たくさん集めたうえで今後のことを考えたい。何かを判断するには、なるべく多くの最新の情報をもとにしたほうがいい。プロダクトバックログを記入する係を決めてしまうなどすると、どうしても状況の変化に気づくのが遅れたり、内容を誤解して書いてしまったりする。プロダクトバックログにはさまざまな意見が集まるように、いつでも誰でも書けるようにしておこう。

誰でも自由に書けるようにして、さまざまな意見を取り入れていくんだな

プロダクトバックログにさまざまな意見が書かれているなら、それを整理してゴールを達成していくための最善の方法を見つけていこう。そのために、プロダクトバックログについてはこんな作業を行う。

1. 重要なことを見逃さないために順序を見直す
2. 見積りを最新にする
3. ゴールを達成するうえで最適な順序になるように見直す

プロダクトバックログを整理するには、項目の順序を見直せばいい。この順序に責任を持つのはプロダクトオーナーだ。順序を見直すときはプロダクトオーナーが中心になって取り組んでいこう。

まず、プロダクトバックログの中身をもう一度見てみよう。プロダクトバックログの下のほうに、大事なことが埋もれていないだろうか？ たとえば、スプリントレビューのときに気づいた大事なことや、もっと良くするためのアイデアだ。順序の下のほうにあるものは、実現してもしなくてもかまわないものじゃないといけない。順序を見直す項目が多くて大変なら、優先したい項目を分類することからやってみよう。また、こうしたことをうまくやるためには、新しく追記された項目なのか、以前からあるものなのかなんてことは、いったん忘れたほうがやりやすい。

どれが重要かを整理するために順序を見直すんだな

順序を見直せたら、次は見積りを最新にしよう。新しく並び替えたプロダクトバックログを見てみると、上のほうにまだ見積もられていないものもあるだろう。見積りがないプロダクトバックログの項目は、それを実現するのがどれくらい大変

なのかわからないので、開発チームが再び見積もっていく。これは開発チームの重要な仕事だ。これまでと同じように疑問点などを確認しながらやっていこう。

このときには、見積りが記入されていない項目だけじゃなく、直近で着手しそうな上のほうの項目も見積りし直そう。なぜなら、最初に見積もったときと今では状況は違っているからだ。今なら最初に感じていた不安も解消しているだろうし、ここまで作ってきたソフトウェアのことも考慮できる。そして、スクラムチームも成長しているだろう。そういった最新の情報を反映しよう。今後のことは最新の情報をもとに考えるべきなんだ。

見積りし直すことで、最新の情報がわかるんだ

見積りが済んだら、もう一度順序を考えよう。注意するのは、新しく追加された項目だ。新しいものはどれも大事に思えてしまう。最近の状況を踏まえて追加されているので、たしかに大事なものであることが多い。けれど、いくら大事そうに見えても、それを本当に実現するかどうかは別の話なんだ。

スクラムチームは、期待されるゴールの達成に最善を尽くす。たとえば、大々的に宣伝する日程が決まっているようなリリース日が重視される場合、実現するのに時間がかかりそうな単なる思いつきを優先して大丈夫だろうか？ また、最低限の機能は必ず実現してほしいと頼まれているのに、すでに作った部分をちょっと良くするようなアイデアばかり優先していて大丈夫だろうか？ ゴールを守るためなら、いくら良いアイデアだったとしても勇気を持って捨てる決断をするべきなんだ。

新しく何かを実現するには、何かをあきらめないといけない。それを判断するために、実現するのがどれくらい大変なのかを知らないといけない。そのために見積りは不可欠だ。そして、最終的に何を優先すべきかは、順序であらわしておこう。

ゴールを満たすために、
何を実現するのかを判断していくんだな

　こうした作業をすれば、プロダクトバックログは最初のスプリントの頃のように整理され、スクラムチームが進むべき先のことが再び見えてくる。

　スクラムは、状況に合わせて修正しながらゴールを達成していくやり方だ。当然スクラムチームを取り巻く状況はいつも変わる。たとえば、スプリントレビューでこうしたほうがいいと思った時点で、最初のスプリントの頃とは状況が変わっているんだ。その状況にいつも合わせるために、プロダクトバックログを更新する。そしてそれを整理するために見直し続けるのが重要なんだ。

スクラムチームの進む先をいつも明確に
するために整理し続けるんだな

　スクラムでは、こうした活動はとても重要で、プロダクトバックログの手入れ（プロダクトバックログのリファインメント）と呼んでいる。この活動は日頃から取り組むことなので、定期的なイベントとしては規定されていない。手慣れたスクラムチームは、毎日これをやっている。日々取り組んでいくことで、ちょっとした調整で済むんだ。もし日々やることに不慣れなら、最初は定期的なイベントにして取り組んでみよう。

　定期的なイベントにする場合は、スプリント期間中に少なくとも1回は開催しよう。とくにやることがなければ、すぐに解散して日々の作業に戻ればいい。時期は、スプリントが半分過ぎたあたりがいいだろう。これならほかのスクラムイベントと時間が重なることも気にせずに済むし、前回のスプリントまでの最新情報もあるからだ。

　また、プロダクトバックログをうまく整理するには、ふだんのスプリントのことはひとまず忘れて、広い視点で開発全体を考えてみよう。たとえば、インセプションデッキを見ながら、そもそもスクラムチームは何を達成しなければいけないのか

を思い出しながら取り組んでみよう。

**最初はプロダクトバックログの手入れを
定期的なイベントにしておくといいのか**

　スクラムでは、プロダクトバックログにしたがって開発を進める。だけど、プロダクトバックログを放置しておくと、この先のことが誰にもわからない状態になってしまう。だから、プロダクトバックログには最新の状況を反映して整理しておかないといけない。それにちょっとした手入れを小まめにやり続けるだけでいい。こうしておけば、スクラムチームは最新の状況をもとにして、この先の開発を安心して進めることができるんだ。

　じゃあ、そろそろ「ボク」たちのスクラムチームが、再び自分たちの先のことがわかりそうかを見てみよう。

よし、じゃあ今から項目の順序を見直していこう

見直す？どうやるの？

最初のときと一緒さまずは重要そうかそうじゃないかで分類しよう

なるほど

こっちのが優先ね

あーだこーだ

これは本当にないとマズい？

よし!!これでまた大事な順に並べられたわ

ポン

次のスプリントで新しく追加された項目もやりたいんだね

んーこれは重要なのでやっておきたいな

ここに新しい項目が追加されたってことは最初のリリースで予定してたものからどれか外さないとね

うーん、そうねぇ本当に外していいか確認させて

とりあえずこれを
スプリント
プランニングに
持ってくね

だめ、
待って

見積りがないとスプリント内で
実現できるかわかんないよ
開発チームに見積もって
もらわなきゃ

たしかにそうね
忘れてた！

と思って

このあと
開発チームの
みんなを
呼んであるんだ

さすが!!

その前に
休憩〜
疲れた〜

あはは、
だよねー

パタン

207

手戻りをなくしていく

本当に着手していいのかな？

プロダクトバックログの手入れをしたら、色々と疑問も
出てきたぞ。さて、疑問はうまく解消できそうかな？

スプリントを始められるようにする!!

　終わったはずの作業がやり直しになるのは誰だって嫌だ。けれど、こうした手戻りは、スクラムで開発を進めていても起きてしまう。たとえばスプリントレビューのときのフィードバックを聞いて、もう少し考えてから作れば良かったと気づくことがある。それは1スプリント分の手戻りで済むけれど、スクラムチームの貴重な時間とお金は費やされてしまう。では、そうしたことを防ぐには何をすればいいのかを考えてみよう。

手戻りってどういうときに起きるの？

　手戻りがとくに起きやすいのは、何を実現したいかがあいまいなときだ。あいまいなことが多ければ、プロダクトオーナーと開発チームとで何度も確認しながら進めることになる。そのたびに作業の手が止まったり、何度もやり直したりしているようでは、作業はうまく進まない。その間もスプリントの残り時間は刻一刻と減っていくし、十分に検討しないまま作業を進めても、その先にあるのはもっと大きな手戻りだ。

　スクラムチームには、色々な期待がかけられていて、達成してほしいと思われているものがある。それを達成できそうかを1つずつ注意深く確認していくためのイベントがスプリントレビューだ。実際に実現したものを確認してみて、本当に期待に応えているかを判断していく。何を実現したいかが明確になっていないものに着手しても、その判断はできない。それでは目指すべきゴールにはちっとも近づかないんだ。

実現したいことがあいまいだと
色々と問題が出てくるんだ

　また、明確になっていないことに着手すると、今後のことも見えなくなってしまう。着手した不明確な項目の見積りはベロシティにも関係するので、今後の予想に大きな影響を与えるかもしれないんだ。大した作業の量じゃないと思っても、あい

まいなことを明確にするためにとても手間取るかもしれない。そして、次のスプリントで実現しようとしている項目でも、同じようなことが起きるかもしれない。スクラムでは実績から先のことを予測するのに、その実績さえあいまいで信頼できないものになってしまうんだ。

　もちろん、プロダクトバックログのすべての項目を明確にしようと言っているわけじゃない。それには膨大な時間が必要になってしまう。それに、プロダクトバックログには、単なる思いつきのような漠然としたものも含まれていたほうがいい。そういう項目の中には、ゴールを達成するうえで大事なヒントになるかもしれないからだ。手戻りが起きないようにするのは、直近のスプリントで実現しようと考えているものだけで十分だ。スクラムでは、実現すると決めたものから少しずつ詳細に決めていく。プロダクトオーナーは、プロダクトバックログの中から直近で実現したい項目を明確にしていくことに注力しよう。

直近のスプリントの分だけ
あいまいなことをなくせばいいのか

　まずは大きな手戻りが起きないようにしよう。直近の項目をどう実現すればゴールを達成できそうかを、スプリントで着手する前に確認しておくんだ。これは難しいことじゃない。プロダクトオーナーが周りに意見をもらうのも1つの手だ。たとえば、開発チームに意見をもらい、それをもとに判断するんだ。実際に使う人たちから意見をもらってもいい。たとえば、ペーパープロトタイピングというものがある。これは文字通り、紙でプロトタイプを作って試行錯誤するやり方で、どういう機能がいいかを考えたり、画面や操作性を確認したりするのに役に立つ。単なるスケッチのようなものでもかまわない。たとえば、画面の上のほうにこういう形のボタンを置く予定で、これを押すと次にこんな画面が出るといったことが視覚的にわかればいい。これを実際に使う人に見てもらえば、実現しようと思っていたことがまるで見当外れなんてことを未然に防げるんだ。

　手慣れたスクラムチームだと、実際に操作した感じまで再現したりして、ソフトウェアとして作りこむ前に確認をしている。こんなちょっとした工夫で、大きな手戻りをなくせるんだ。

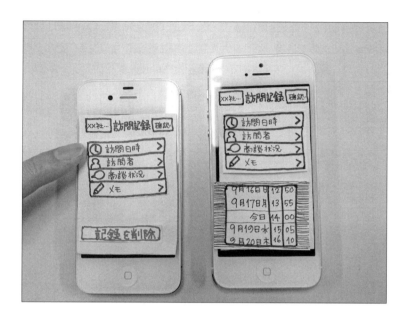

大きな手戻りはちょっとした
工夫で防げるんだ

　大きな手戻りが起きないようにできたら、次は、作業の手を止めてしまうような
ことや、小さな手戻りもなくしていこう。そのためにスクラムチームが取り組んで
おくのは、こういうことだ。

- 実現したいことは先に深く理解しておく
- 決めるべき仕様を決めておく
- 技術的にどういうふうに実現するといいかを確認しておく

　開発チームが何を実現するのかを深く理解できるように、プロダクトオーナーは
理解を助けるための準備をしておこう。たとえば、さっき紹介したペーパープロト
タイピングでもいいし、画面のスケッチでもかまわないので、何を実現するかをイ

メージできる資料を用意するといい。また、そうした資料を準備していくと、開発チームの手をすぐに止めてしまいそうな大きな考慮漏れも先に見つけることができる。たとえば、ユーザーが操作を途中で中断したときの仕様はどうするかなどだ。そういう仕様も実際にスプリントで着手する前に決めておこう。

　開発チームは何を実現するかがイメージできたら、さらに具体的に考えてみよう。実際に作るときに困りそうなことがないか、仕様にあいまいな点はないか、先に調査しておかないといけないことはないかなどだ。こういう準備をあらかじめしておけば、スプリント期間中のささいな手戻りをなくせるんだ。

スプリントの準備は大事なのかな？

　スプリントで着手するための準備をしておくのは、とても大事なことなんだ。そうすれば、開発チームは、スプリントの期間中、実現したいものを実際に作っていく作業に集中できる。できたものを見たうえで、操作性やパフォーマンスの向上のための作業までできるかもしれない。その結果、スプリントのゴールを達成しやすくなる。また、あいまいになっていることが事前に取り除かれているので、スプリントプランニングでは確実な計画を作りやすくなったり、スプリントレビューではより今後のことについて考えるのに十分な時間を使ったりすることができる。そして、ベロシティが安定することにもつながる。これらは開発を進めるうえでとても重要だ。

　また、スクラムチームで準備のやり取りをしていれば、ソフトウェアを作る手間をかけずに、自分たちの進む先を調整できるかもしれない。もっと良さそうなアイデアを出したり、もっと手軽に実現する別の方法を思いついたりといったものだ。だから、スプリントの準備が必要なんだ。そしてそれは、少なくとも実際に着手するスプリントが始まる前までに済ませておくんだ。

スプリントの準備は開発を
うまく進めるうえで不可欠なんだ

スプリントの準備は、スプリントプランニングで洗い出した作業と並行して進めよう。最初はどうしても洗い出した作業のほうを優先して、準備まで気が回らないことも多い。そうならないために、準備のためのイベントを用意するといい。スクラムチームで定期的に集まって、プロダクトオーナーは次回以降のスプリントで実現したいことを伝え、みんなでそれについて話し合って詳細にしていこう。そして着手するために必要なことを洗い出して、日々の作業に組み込もう。それをスクラムチームで手分けして次のスプリントまでに片づけるんだ。実は、こうした項目を詳細にする活動もプロダクトバックログの手入れ（リファインメント）の一部なんだ。

多くのスクラムチームでは、準備などのプロダクトバックログのリファインメントにスプリントの10％ぐらいの時間を確保して、スプリントの計画に組み込んでいる。

スプリントの期間中に
準備の作業をできるようにしておくんだな

プロダクトオーナーが仕様をまだ決めていない項目や、ペーパープロトタイピングができていない項目は、スプリントプランニングでは扱わない、というルールを決めたっていい。それぐらい準備は大事なんだ。

次のスプリントで実現したいものは、実現しても大丈夫だという確信がプロダクトオーナーにあって、開発チームに必要なことを伝えられるようになっていないといけない。開発チームも、これなら実現できそうだと判断できないといけない。この2つができていれば、準備が終わったといえる。

そして、準備が適切に終わっていればスプリントは円滑に進んでいくし、より専門的な問題をより早く見つけて対処できる。それによって、この先の開発も安心して進めることができるんだ。そのためにスクラムチームは、少しずつでもいいから、日々の作業としてスプリントの準備に取り組まないといけないんだ。

じゃあ、そろそろ「ボク」たちのスクラムチームが次のスプリントを始められそうかを見てみよう。

なぜこの機能を作るのか？

プロダクトバックログの項目の目的・背景をいかに伝えるか？

　プロダクトオーナーの仕事で最も難しいことは、開発したい機能の仮説を作りチームに説明することです。論理的な説明になっていなければ開発チームの納得を得ることは難しくなります。

　どのように説明すると目的や背景が伝わりやすくなるか、いくつかのポイントを紹介します。

1．広い観点から施策の目的・背景を考える

　すぐに開発に着手できる直近のプロダクトバックログアイテムを進めようとしたときに、うまく開発チームに説明できないことがありませんか？　たとえば、この機能をリリースすると「サイトで販売している商品の売上がアップする」という具合です。これでは、説明が断片的で情報が不十分なのです。実は、その機能を開発するにいたった経緯は以下かもしれません。

- 販売している商品がターゲットにしている顧客はまだ十分に開拓できていない
- 今期のビジネス上の狙いは、新規顧客を開拓し、自分たちの領域のシェア拡大である
- 新規の顧客を獲得するために、新しい顧客に向けた親しみやすい画面と操作性を提供して、商品の購入を促したい！

　こうした経緯や背景をきちんと伝えることが大事です。

　まずはステークホルダーを書き出し、それぞれの期待を整理するところから始めるとよいでしょう。期待されていることへの理解が深まれば「なぜこの機能を作るのか？」という目的が明確に伝わります。

2．チームに助けを求める

　プロダクトオーナーはプロダクトの最終意思決定者であり1人しか置くことができません。それゆえ、プロダクトバックログアイテムの作成が追いつかなくなったり、質を維持し続けることが難しくなりチームのパフォーマンスのボトルネックになってしまうことがあります。

　そういったときは、思い切ってチームに助けを求めてみましょう。「改善案のネタを集めたい」「KPIの設計をレビューしてほしい」「分析を一緒に進めてほしい」など、ささいなことでもチームを頼ることでプロダクトオーナーの考えていることへの理解が深まり、目的・背景の説明がどんどんしやすくなるでしょう。

　プロダクトオーナーは何かと説明が求められることが多いですが、コミュニケーションを増やすことで悩みや思考の共有が進み、チームとして成果を出しやすい状態にすることができます。

（飯田 意己）

ゴールに近づいていく

あれ!? 間に合わない……

ペーパープロトタイピングは好評だったみたいだ。
周りとの確認もうまくいっている、そんなときだった……。

営業部長、今回もよろしくお願いしまーす

今回もよろしく！
前回は参加できなかったから楽しみだよ

スプリントレビュー

今回、月毎の売上集計がわかるようにしてみました！

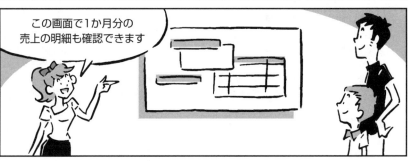

この画面で1か月分の売上の明細も確認できます

売上をレポート出力する機能は廃止したので、リリースの予定も変更なしです！

えっ!?

いやいや、ちょっと待って！
レポート機能なくて大丈夫？

電子化することで来期目標の作業効率化が達成できると思ってたんだが……

レポートはあまり
使われてないから
てっきり……

これは重要なんだよ
営業部で利用を推進し
ていくつもりだったし

あー、ごめんなさい……
勘違いしちゃってたわ

開発チームで
ちょっと
相談させて
もらって
いいですか？

今度は書いた
コードも
ボロボロに
しないので

僕たちが
何とかして
みせますよ！

ありがとう
ございます！

▶ いつでもゴールに向かうんだ!!

　スクラムチームで達成すべきゴールは最新情報で確認しよう。なぜならゴールは常に動いていくものだからだ。そのため、スクラムでは、スプリントレビューで完成したものを見ながら、ゴールをより効果的に達成するのに必要なことを話し合う。たとえば、リリースに含めるべきものがほかにあるかを議論したり、リリースできる日の予測や進捗の確認を行ったりする。必要ならステークホルダーを巻き込んで、全員で協力してゴールを目指す。けれど、その活動によって、当初想定していなかった新しい何かが見つかって、このままだとゴールにたどりつかないことがわかったらどうすればいいんだろう。

　ゴールから外れてしまったら、スクラムチームはゴールに近づくようにしないといけない。そのために何をするのか考えてみよう。

どうやってゴールに近づくんだろう？

　ゴールに近づくための方法は2つある。1つは、スクラムチームの仕事の進め方を良くすることだ。たとえば、デイリースクラムでちょっとした不安を気軽に相談できるようになれば、もっとスプリントを円滑に進められる。スクラムマスターは、うまく進むための妨げになっていることを見つけて、取り除こう。

　ただし、これはすぐに効果が出るかはわからない。それに、何をすればどれだけゴールに近づくといった明確なものでもない。スクラムチームで目指しているゴールから大きく外れているときの特効薬にはならないんだ。こうしたことは日々取り組み続けて、ゴールに着実に近づくのに有効だ。

仕事の進め方を良くすると、
ゴールに少しずつ着実に近づくんだな

　もう1つの方法は、何かを調整してゴールに近づく方法だ。これなら確実で即効

性もある。けれど、開発を進めるうえで調整できるものは次の4つしかない。この中からどれを調整するといいのだろう？

品質　　　　予算　　　　期間　　　スコープ

　品質は、リリースしたときに満たしておくべきさまざまなことだ。たとえば、今作っているソフトウェアは、会社の売上予測に使われているので、お金の計算は絶対に間違ってはいけないとか、不正に侵入されないように専門家のチェックがOKじゃないといけないといったものだ。実は、品質は調整できないんだ。

　実際に使う人に提供するものは一定の品質でないといけない。たとえば同じソフトウェアでも、使う部分によって品質の良いところと悪いところがあるなんていうのは奇妙な話だ。特定の人しか使わない機能なら少しぐらいは調整できるかもしれないが、それが別の悪影響をおよぼす場合だってある。だからといって、途中から全体の品質を下げるように調整するなんて無理だろう。

　品質をどうするかは開発を始める前から決まっている。スクラムチームの都合で、品質を犠牲にしてはいけないんだ。

品質は常に一定じゃないといけないので調整するものではないんだな

　では、予算はどうだろう？　予算は、スクラムチームの人件費だったり、開発環境や本番環境を構築したり運用したりするのに使われる。つまりお金の話だ。現場によっては追加で出してもらえるかもしれない。追加の予算があれば、即効性のあ

る対策を打つのにとても有効だ。たとえば、これまでに解決できていなかった進捗を妨げるものを取り除くことができる。開発チームの全員に今より速い開発マシンを支給するとか、より集中できる作業スペースを与えるとかだ。ただし、予算をスクラムチームの人員を増やすのに使っても即効性のある対策にはならない。新しく来た人がスクラム自体に慣れたり、スクラムチームの一員として一緒に協力して進められるようになるには時間がかかるからだ。

また、開発の状況がちょっと困ったからといって、すぐに予算が追加されることはないだろう。かといって、あとでどうしようもなくなってからだと「まずは予算を出すべき営業部長の許可が必要だ。そして、エライ人たちが出席する会議で追加の予算が必要な理由を説明する必要がある。会議はおそらく来月の予定だ」などと言われるのがオチだ。予算は、本当に必要なタイミングでは調整しにくいんだ。

期間は少しぐらいなら
調整できる気がするけど

では、期間はどうだろう？　開発の期間は周りが希望するリリース日によって決まる場合もあるだろう。リリース日自体を遅らせれば、それだけ開発にあてられる時間を増やせる。でも、展示会に出展するといったリリース日が重要な場合では、調整は難しい。リリース日がさほど重要でない開発なら調整すれば伸ばせるかもしれないが、何度もできるわけじゃない。延ばした期間のための予算も心配になってくる。期間の調整は少しならできるけれど、大きく調整するのは簡単じゃないんだ。

でもスコープだって
簡単だと思えないんだけど

では、スコープはどうだろう？　これが最後の頼みの綱だ。スコープとは、リリースに含めたいもののことだ。プロダクトバックログに書かれている実現したいことの中から、何をどこまでやるかによって決まる。たとえば、営業支援のシステムであれば、日報登録と得意先情報の管理や商談状況の共有までは少なくとも実現

して、リリースに必ず含めるといったことだ。

　もちろん、周りから他にもリリースに含めてほしいと言われているものはあるか
もしれないが、削れるものだってあるはずだ。プロダクトバックログを何度も見て
みよう。そこには単なる思いつきや、なくなってもどうにかなるものが見つかるは
ずだ。それをさっさと削ってしまうか、プロダクトバックログの下のほうに移動し
て余力があれば実現するようにしてしまおう。リリースに含めたいと周りが考えて
いること全部を実現しようと考えがちだけど、なにより大事なのはゴールにたどり
つくことなんだ。

何かを実現しないっていったって
簡単にできないよ

　では、達成してほしいことがスコープを守ることだったら？　そういうときはだ
いたい、品質と予算と期間も調整するのが難しかったりするものだ。何も調整でき
ないような開発はそもそも難しい。スクラムでもそうじゃなくても難しいのには変
わりはないんだ。

　だけどそんな場合でも、最初に調整していくのはスコープだ。達成してほしい
ゴールは、本当にスコープを守ることなんだろうか？　最初に決めたソフトウェア
やドキュメントがすべて揃っていることなんだろうか？　本当に達成してほしいこ
とは、別にあるはずだ。最初に決められたスコープは、これが揃えばゴールを達成
できると仮定したものだ。だったら、ゴールを達成できる別の方法を提供すればい
い。それもスコープを調整するということなんだ。単にプロダクトバックログから
実現しない項目を削るだけじゃない。

項目の順序を見直す以外に
スコープを調整する方法があるの？

　もし、実現しない項目を削ったりして調整するのが難しいなら、どう実現するか
に強弱をつけて調整してみよう。当初想定していた機能は提供できなくても、簡単

に実現できそうなほかのやり方で、代替できないかを考えてみるんだ。もちろん、目玉機能のような重要なものは難しいかもしれないが、あまり重要でないものなら少し簡素なもので実現しても大丈夫だろう。それもスコープの調整だ。

　たとえば、最初に希望していたのが、必要な情報を入力するのに便利な入力補助や見栄えのいい凝ったデザインの入力画面だったとしても、シンプルな画面でも必要な情報の入力はできる。それで十分なら、実現するための作業の量自体を減らせるんだ。

どう実現するかを調整するのも　スコープの調整なんだ

　実現する方法で調整するのは、プロダクトバックログの項目自体を調整するより手間がかかる。何十ポイント分も調整したければ、たくさんの項目について実現の方法を調整しないといけない。そのためには、プロダクトバックログの中身もよく知っておかないといけない。

　手間はかかるかもしれないけど、これはスクラムチームとして一番取り組みやすい調整の仕方だ。スクラムチーム外と調整することも少ない。達成したいことさえ理解できていれば、実現する方法はいくらでも考えられる。そこはスクラムチームの腕の見せ所だ。

　誰も、最初に決めたことを無理やり守ってほしいわけじゃない。その結果、手に入るものがボロボロなものでも困る。それなら、ほかの手段で目的を達成できるように工夫しよう。

実現方法を工夫するのはスクラムチームに　とってやりやすい調整の仕方なんだな

　目指しているゴールにたどりつくのは簡単じゃない。問題も起きてしまうし、ゴールも常に変わっていくものだ。

　今のゴールはどこなのか、スクラムチームはゴールに正しく向かっているのかを

いつも確認し続けよう。そのためにスプリントレビューでは、完成したもののデモを見るだけじゃなく、この先のゴールをどう協力して達成していくかを検討する。周辺の状況の変化を確認し、ゴールに向けた進捗や次にやるべきことを議論して、プロダクトバックログに反映する。そして、実現することを調整したり、ゴールの達成により適切なプロダクトバックログに変えていく。そのため、スプリントレビューにステークホルダーを必要があれば招待するのも、こういう活動には周りとの協力が重要だからだ。

そして、スクラムチームはゴールに向かえるように絶えず工夫をしよう。そのためには、スクラムチームが今よりうまく仕事を進めるか、何かを調整するしかない。けれど、どちらもゴールにすぐに大きく近づくことはできないんだ。そして、調整するにはそのための時間も労力もかかってしまう。スクラムチームの状況が厳しいときに、たくさんのことを一度に調整するのは簡単なことじゃない。そうならないために、いつでもゴールに向かい続けよう。こうして、スクラムチームは、期待されるゴールにたどりつくんだ。

じゃあ、そろそろ「ボク」たちのスクラムチームが期待されたゴールにたどりつけそうかを見てみようか。

レポートは画面で
リアルタイムに
作成するつもり
でしたが……

みなさん、
すみません
……

画面をやめて、
定期的にレポートを
作成することで
代替できます

これで業務に
支障もないですし
見積りは
2ポイントに
減りました

ありがとう
ございますー

↩ここまで

それでもまだ
2ポイント
オーバー
してますよね
……

この機能は画面を
もう少しシンプルにして
こんな感じで入力補助の
部分は最低限にします

中身の動きは
変わりません
これがA案
B案は……

なるほど!!
A案がいいです
これで十分です

実はあと1ポイント
減らしたいんですが

まあそこは
ちょっと
残業しよう
って話で

僕たちも
いいものを
作りたいんで

あ、もちろん
みんなで
ムリはしない
って確認
してるんで
大丈夫っすよ!!

読まれてた
……

みなさん
本当に
いつも
ありがとう
ございます

いえいえ
お互いさまです

はい

コミュニティイベントを利用してチームビルディング

コミュニティイベントに参加していろんなチームの話を聞いてみよう。

「開発もひと段落したし、次はチームとして安定した成果を出したいからスクラムやってみない?」

この言葉から始まった僕たちのスクラムですが、始めはうまくいきませんでした。再計画のされないデイリースクラム、具体的なアクションの出ないふりかえり、「チーム開発ってこれでいいのかな?」という不安が常にありました。このうまくいかない状態を抜け出すために大切だったことがチームビルディングです。そこで、僕がチームで実際にやったこととそれぞれのポイントを紹介します。

最初は、今のうまくいっていないという気持ちをチームに共有してみました。チームメンバーの時間をもらって、メンバーそれぞれが感じていることを話す場を設定します。ここでのポイントは、「**今よりもっとうまくできそうだよね**」という共通認識を作ること。

もっとうまくできそうだとチームで認識したあとは、学習する時間です。僕たちにとって身近なスクラム実践者から教えてもらった日本最大のスクラム実践者向けカンファレンスである Regional Scrum Gathering Tokyo（RSGT）というイベントにチーム全員で参加しました。ほかのチームの人たちはどんなふうにしているんだろう、ということをみんなで知るためです。ここでのポイントは、**チームメンバー全員でいろんなチームの人と話す場作りに注力したこと**。いろんなチームの話を聞くことが刺激となり、

チームの目標を話しやすくなりました。

学習したあとはふりかえりです。イベント終了後のなるべく早いタイミングに、話すのに十分な時間を用意してふりかえりをしました。イベントのことやそこで話したチームについてと、チームをどうしていきたいかの目標について話しました。ここでのポイントは、**チームの目標について合意形成がされたこと**。

そして目標が決まったら、次のアクションを決めます。ここでのポイントは、**具体的ですぐ実行できるアクションを選ぶこと**。僕たちは RSGT で知った各チームの工夫をまねしてみることから始めました。ここからの僕たちは目標についての合意があるので、メンバーそれぞれがそうなるように振る舞い、大きく改善していけるチームになりました。メンバー全員でいろんなチームと話したので、「このチームだったらどうするんだろう」というような話をできるようになったのも大きな違いです。

このように、僕たちはチームビルディングにコミュニティの力を借りました。悩みを抱えてるチームがあれば、**チームでコミュニティイベントに参加する**という共通体験をすることも考えてみてはどうでしょうか。

（太田 陽祐）

22

さまざまな状況に対応する

この作業は苦手です……

いよいよ開発も大詰めだ。スプリントプランニングも安心できる内容だ。けれど、無事にリリースできるか微妙な感じ……。

協力して乗り越えていこう!!

　スクラムでは、開発チームは自己組織化していて、機能横断的であることが求められている。簡単に言うと、開発チームは、実現したいことに多少のバラツキがあっても、それらにうまく対応してタイムボックスまでに終わらせてくれる人たちだ。作業中に何か困ったことがあっても自分たちが中心となって解決するし、どの作業をするか指示をしなくても自分たちで考えることができる。そして、ソフトウェアを届けるのに必要なスキルもすべて備えていてスムーズに仕事を進めることができる集団だ。そんな開発チームは優秀なメンバーだけで構成されているのだろうか？　そういうメンバーのいる開発チームでないとスクラムはうまくいかないのだろうか？　実はそれは大きな誤解だ。その理由について考えてみよう。

しっかりしたリーダーがいいのかな？

　まずは、自己組織化について考えてみよう。自己組織化とは、自分たちで状況に応じて役割を決めていくことだ。

　たとえば、プロジェクトとして進めるような開発でリーダー役に任命された人は、異動やプロジェクト自体が終わるまでリーダーであることが多い。自分がリーダーのときは、さまざまな場面でリーダーシップを発揮したり、いろんな相談や判断をしたりするだろう。けれど、それがいつも自分の得意なことで解決できる状況とは限らない。ときには自分の苦手としていることが必要な場面もあるだろう。そんなときに、それぞれの状況でリーダーシップを発揮できる人やそれを得意としている人は、ほかにもいるんじゃないだろうか？

ん!?　リーダーがいるのはダメってこと？

　開発を進めていると、それこそいろんな状況に出くわす。プロダクトオーナーと

実際に使うユーザーについて議論することもあるし、設計の方向性について考えることもある。どのライブラリを使ったほうがいいかを判断したり、誰かが書いた議事録やマニュアルに間違いがないかを念入りに確認したりすることもあるだろう。だったら、そのときどきの状況で最も力を発揮できる人がリーダーシップを発揮して開発チームを引っぱっていけば、どんな状況でも乗り越えやすいと思わないだろうか？　こうしたことを自然にできる開発チームのことを、自己組織化した開発チームと呼んでいる。

状況に応じて誰かが
リーダーシップを発揮すればいいのか

　スクラムでは、スプリント中にさまざまなことをしなければならない。何を実現したいかを聞くことから始まり、ソフトウェアを完成させデモをしてフィードバックをもらい、今後の先のことを整理するといったことだ。要件を明確にしたり、仕様を決めたり、設計、実装、テストをしたりといったことはすべてこなさないといけない。その過程で利用するユーザーについて分析もするだろうし、データベースの設計や画面のデザインもする。それには開発チームの全員が関わらないといけない。けれど、それだけのスキルをすべて備えた人なんていないし、それを個人に頼ってはいけないんだ。また、機能横断的な開発チームの条件ってのは、一人ひとりが全部を完璧にこなせるようなスキルを持つことじゃないんだ。

ん!?　どういうこと？

　機能横断的であるとは、開発チームだけでスプリントを円滑に進めていけるようになっていることだ。スプリントを進めていくのに必要なさまざまなことを、一人ひとりではなく開発チーム全員でうまく協力できていれば十分だ。
　けれど、開発チームの全員がコードを書いたこともない新人だけで構成されていたら、何もできあがってこないだろう。逆に、開発チームの人数が何人いようと、

プログラミングだけが得意って人ばかりでもうまくいかない。なぜならプロダクトオーナーとやり取りしたり、利用するユーザーのことや今後の開発の進む先などについても考えたりしないといけないからだ。

そういうのをわかりやすくできないの？

　もし、開発チームがうまく開発を進められるだけのスキルや経験があるのか、そもそも誰が何を得意としているのかがわからないなら、スキルマップを書いてみよう。簡単な一覧でかまわない。たとえば、次のようなものだ。

　まずは開発をうまく進めるのに必要だと思うスキルや知識について列挙しよう。プログラミング言語もそうだし、利用するミドルウェアや開発環境の OS なんかも大事だ。スクラムについての知識や、それ以外の TDD やペアプログラミング、モブプログラミングの経験でもいいだろう。あとは要件定義や設計の経験、開発の状況説明、周囲との調整ごとが得意なんていうのも大事なスキルだ。それを書き出すことができたら、それぞれの開発メンバーは「教えられるくらい得意」「得意」「経験有」「未経験」と書きこんでみよう。

	Java	インフラ	スクラム	TDD	説明	...
	経験有	経験有	未経験	未経験	得意	...
	得意	得意	未経験	未経験	未経験	...
	経験有	経験有	未経験	未経験	経験有	...
・・・						...

こうしてみると、開発チームの得意なことや苦手なことが見えてくる。とくに、開発メンバーが少ない場合だと、一人ひとりに求められることも多くなってしまう。開発チーム全体が持つスキルや経験で期待されるゴールが達成できそうかを話し合っておこう。ゴールを達成するうえで最低限必要なスキルが足りていない場合や大きく偏っている場合は、スクラムチーム外の関係者と相談しないといけない。

開発チームがどういうスキルを持っているか理解しておくのか

ここで大事なのは、開発チームとしてどんな状況で何ができるかを明らかにすることだ。それはスキルに限った話じゃない。考え方や経験、どういう仕事のやり方が得意かってことも大事なんだ。開発を進めていくと色々な状況に遭遇する。たとえば、全員でドキュメントを書かないといけないときもあるだろう。そこに誤字脱字のチェックみたいな作業も丁寧にできるメンバーがいると心強い。みんなが難しい機能の実装ばかりに夢中なときに、もう少しほかのことにも目を向けようとしている慎重なメンバーも貴重だ。お互いのそうした性格や得意不得意を知っていれば、開発チームはさまざまな状況を乗り越えていけるんだ。そのために、たとえばこういうことを話し合っておこう。これはドラッカー風エクササイズと呼ばれている、チームの特長をつかむための活動だ。

- これまでどんな開発をしていて、何が得意なのか
- どういうふうに仕事をするタイプなのか
- 自分が大切に思う価値は何なのか
- 自分はどうやって貢献できそうか

誰がどんな状況で力を発揮できるのかとか、自分たちが安心して仕事を進められる部分がどこなのかを知っておこう。

全員でさまざまな状況を克服できるようにしておくのか

もちろん、みんなが得意な作業だけをやっていてはダメなんだ。1人でやれることには限界がある。気がつけば、大量の作業に押しつぶされそうになっていたりする。もしかしたら、ある日突然、開発チームからいなくなる人が出るかもしれない。だから、開発チームはいつも協力して作業を進めていかないといけないんだ。苦手な作業に協力できるか心配だって？　けれど、何か手伝うだけでも、色々なことを学ぶ機会になるんだ。最初はうまく作業ができないかもしれないけど、得意な人と一緒に作業をしてみよう。その作業を進めていくにはどういうことを知っておいたほうがいいのかとか、何に気をつけるべきなのかを学んでいける。そうして開発チームの知識が少しずつ揃っていくと、さまざまなテーマについて全員で上手に話し合えるようになる。それだけでも開発チームは見違えるほど良くなるんだ。

一人ひとりが得意な作業だけをやっていてもダメなんだな

スクラムが求めているのは、「私はここまでしか担当しません」なんてことは言わずに、みんなで協力して作業を進めるような開発チームだ。ソフトウェアを作るのはとても難しい作業なので、お互いの経験や得意分野を持ち寄らないといけない。

開発を進めていくと、難しい問題に何度も遭遇するだろう。たとえそういう状況でも、作業は安定して進めないといけない。そのためにやらないといけないことは1つだけだ。

誰かが困っていたら、ほかの人が助けるんだ。その状況で、苦手だからとか自分の役割はこうだとか考えていては、手遅れになってしまう。そういうことができるってことが、開発チームの一人ひとりが優秀であることより大切なことだ。どんな状況でもすぐに相談できて、それが良くない状況ならすぐに協力して乗り越えていく。これが良い開発チームの正体だ。それを外から見れば、とても仕事のできる集団に見えるに違いない。

じゃあ、そろそろ「ボク」たちの開発チームが、この状況を協力して乗り越えられそうかを見てみようか。

タスクをみんなで寄ってたかって終わらせるスウォーミング

分担とスウォーミングを使い分けて効率的に仕事を進めよう!!

1つのプロダクトバックログ項目に対して複数のメンバーで協力して取り組むことを、スウォーミング（Swarming）と言います。複数人で分担してそれぞれ別の仕事に並行で取り組むほうが効率がよいと考えてしまいがちです。その一方でスウォーミングの利点は、
- 完了までのリードタイムが短縮する
- 手戻りが少なくなる
- 知識の移転が進む

などがあります。

3人チームで仕事を分担して、それぞれが違うプロダクトバックログ項目に取り掛かっていたとします。1人が仕事を進めていったときに、すべての機能に関わる問題が見つかった場合、同時に仕掛かっていたすべてのプロダクトバックログ項目に手戻りが発生します。一方、同じ状況で仕事を分担せずにスウォーミングで取り組んでいたのであれば、問題が発生しても手戻りのコストは最小限にできます。同時に仕掛かるタスクを減らし、完了までのリードタイムを短縮することで、手戻りを減らして確実に仕事を終わらせることができます。

また、開発チームでは「○○さんにしかわからない」といった属人化がチーム開発の流れを止めてしまいがちです。スウォーミングによって複数人のメンバーで同じ仕事に取り組むことで、知識の移転をすることができます。共通体験をすることでしか伝えることができないコツやノウハウのようなものもまとめて伝えられるので、効率的に知識の移転ができるでしょう。

最近では、モブプログラミングという開発手法が人気です。モブプログラミングとは、チーム全員で集まって同じ仕事を同じ時間に同じ場所で同じコンピューターで行うことです。全員で同じ画面を見ながら議論をしたり知恵を出し合ったりしながら決断したことを、1人が代表してタイピングします。そしてタイピングをする人を交代しながら仕事を進めていきます。まさにスウォーミングですね。

もちろん分担することが悪いわけではありません。仕事やチームの状況に合わせて、分担とスウォーミングを使い分けられるようになると、もっと効率よく仕事を進められるでしょう。　（及部 敬雄）

◀モブプログラミングの様子

23

より確実な判断をしていく

それぐらいはできるよね!?

みんなが協力して進めている甲斐もあって、スプリントは
今までにないぐらいに順調だ。そんなある日の朝のこと。

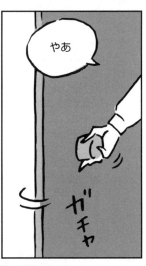

最後に……
POと調整していた
顧客リストの
地域毎の表示は
リリースに
含めないことで
OKもらいました

おー！

ちょっ
何言ってるの？

やっとリリース
だー

わーい

ブチョー？

最悪だ……

リリースに
含めないとか
言ってるけど
できるでしょ!!

あの、
2人でやるやつ

ペアプロ？

そう！

ペアプロ
やめれば
2人分
進むん
でしょ？

ちょ……

あー君と君が
手分けして
やったら
早そうだね
似てるし

いやいや
ちょっと
邪魔しちゃ
ダメで
……

ちょっと
待って
ください！

▶ 失敗からどんどん学んでいこう

　スクラムに代表されるアジャイル開発では、コミットメントという価値観を大事にしている。コミットメントとは責任を伴う約束のことだ。スクラムでもコミットメントはいろんな場面で登場する。たとえば、デイリースクラムだ。これは開発チームのためのイベントだ。スプリントゴールの達成へのコミットメントを表明するのは開発チームなので、ほかの人が口を挟んじゃいけないんだ。それを説明するのによく使われるのが、「鶏と豚」のたとえ話だ。

一緒にレストランをはじめようよ

レストランのおすすめメニューは何にするの？

ハムエッグだよ

そりゃないよ。君は卵を提供すればいいだけだけど、こっちは身を削るんだよ！

　開発チームは、スプリントのゴールを達成するために全力を尽くす責務があるので、デイリースクラムではスプリントゴールの達成に向けて問題を確認したり、計画を練り直したりする。そこでは実際の作業に関係のない人の発言は、参考意見にすぎない。そして、スクラムでは、こうしたコミットメントを表明する機会はほかにもある。たとえば、代表的なのは以下だ。

- 今回のスプリントでどれぐらいの項目を実現させるのか
- 次のスプリントでは仕事の進め方のどこを良くするのか

実際の作業に関係のない人の意見は
参考意見なんだな

こういうふうにスクラムチームの意見を尊重するには理由がある。開発を進めていくには、さまざまな判断をする必要がある。それらの判断は実際に作業を進めるスクラムチームでないと適切にできないことなんだ。なぜなら、現場のさまざまな情報をもとにしないと的確に判断なんかできないからだ。たとえば、ビジネスの状況や所属する組織の状況、要件や仕様の決まり具合や、メンバーの状況などだ。その情報がすべて集まってくるのが、スクラムチームがいる現場なんだ。だから、スクラムチームが素早く的確に判断できるようになれば、開発を進めていくうえでとても心強いんだ。

最初は、その判断を的確にやるのは難しいと思うかもしれない。開発を進めていくうえでの大事な判断をしていくには、責任を持って取り組む必要があるからだ。誰もがそうした判断ができるように、スクラムではコミットメントを表明する機会を数多く用意しているんだ。そうしてコミットメントを繰り返し表明していくことで責任感が芽生えやすくなる。自分たちでこれはやるぞと決めたら、達成することを強く意識するだろう。それを、責任を持つきっかけにしてほしいんだ。スクラムなどのアジャイル開発は、みんなが責任を持って仕事に取り組んでくれることを期待している。なぜなら、みんながそういう姿勢で仕事に取り組むことが必ず良い結果につながっていくと考えているからだ。

責任を持って取り組んでいくのが大事なんだな

ただし、コミットメントには良くない面もあるんだ。それは、約束を守ろうとして無理をしてしまうことだ。たとえば、スプリントプランニングで約束した項目を全部完成させることばかりを意識して、知らず知らずのうちに扱いにくいコードを大量に書いてしまったり、スクラムチーム自身が疲弊してしまったりする。また、無理やり約束させられてしまうこともある。開発チームがここまでしかやれないと判断しても、周りから「いやもっとやれるでしょ。そうじゃないと困るんだ」と押し切られるような場合だ。これじゃ責任を持って取り組んでいることにはならない。こんな約束には何の意味もないんだ。できないことを断わるのも責任を持つことなんだ。

コミットメントは、必ず達成するものでも、無理をしてでも守っていくものでもない。自分たちがやるべきことにベストを尽くして取り組むためにあるんだ。その

ため、求められていることに責任を持って取り組むと約束してほしいだけだ。

でも、約束を守っていけるようにするにはどうすればいいの？

　まずは、責任を持って約束できるようになろう。それには自信を持てるようにならないといけない。自分たちが自信を持ってやれないうちに、適当な約束ばかりしちゃダメだ。もちろん最初は難しいかもしれない。けれど、最初は失敗してもかまわないから、自分たちでやれるかどうかの判断をしてみよう。その判断が間違っていたら、なぜ間違ったのかを考えればいい。そうすれば、その経験を生かして、次の機会には自信を持って判断できるようになるんだ。

　スクラムでは、その機会は何度も頻繁にやってくる。このタスクが今日終わるか、このペースでスプリントのゴールが守れるか、そういったことを毎日判断する。ほかにも、いくつまでの項目ならスプリント内で完成できそうか判断するとかだ。

最初は失敗だらけで大変なことにならないの？

　大切なのは失敗から学ぶことだ。開発が続いていくと、小さな失敗も大きな問題に発展するかもしれない。けれど、数スプリントぐらいなら、少し失敗したっていくらでも挽回できる。そこでの失敗は、多くを学ぶために必要不可欠なことなんだ。スプリントを繰り返しながら、学んだことを次に生かしていこう。

　そのためには、ある程度の失敗を許すことが必要だ。失敗は絶対に許さないなんて言われたら、失敗しないことばかりを考えてしまう。それでは何も学べない。それじゃスクラムチームは成長しないんだ。

　スクラムチームができたばかりの頃と、しばらくたったあとで、スクラムチームの実力が同じではいけない。なぜなら、開発は進めば進むほど、どんどん大変になるからだ。決めた仕様も書いたコードもどんどん増える。その積み重なったものに

押しつぶされないために成長しないといけない。成長を大事なことと考えないというのは、とても危ないことなんだ。

失敗から学んで、
成長しないといけないんだな

　開発についての大事な判断は、スクラムチームでないとできない。さまざまな状況や最新の情報をもとに判断できる人は、ほかにはいないんだ。けれど、最初からうまくできるわけじゃない。失敗から学んで、判断できるようになろう。

　失敗はそんなに恐れるもんじゃない。失敗しても大したことにはならないんだ。たかがタスク1つの数時間の予想やスプリントの数回分の予想が少し外れるぐらいだ。それにスクラムチームができたばかりの初期に失敗はつきものだし、あとでいくらでも挽回できる。大事なのは失敗から学んで成長できるかだ。成長しないスクラムチームではこの先の開発はうまくいかない。失敗を糧にしよう。そして、同じ失敗を繰り返さないようにするんだ。

　そして、スクラムチームが自信を持てるようになると、たくさんのことに良い影響を与えてくれる。仕事にもっと前向きに取り組めるようになるし、できあがるものも良くなっていく。コミットメントはその目的のために使おう。そして、自分たちで決めたことには、責任を持って前向きに取り組もう。だけど逆に失敗が許されない環境では、このことが悪い影響を与えることも忘れないでほしい。

　スクラムで求めているのは、コミットメントを必ず果たしてくれるスクラムチームではなく、責任を持って取り組んでいくことに価値を感じるスクラムチームなんだ。そういうスクラムチームを少しずつ築きあげていこう。

責任を持って取り組んでくれるように
少しずつ築きあげていくんだな

　じゃあ、そろそろ「ボク」たちのスクラムチームが自信を持って判断できそうかを見てみようか。

240

営業部長の
承認ももらって
ますし
営業部全員に
アンケートを
取った
結果ですから

心配は
なくなりました？

うーん
ならまあ
いいか

はい、じゃあ今日も
はりきっていこー

ボクくん
……

？

みんなあんなに
はっきり意見を
言えるなんて

はぁ

なかなか良い
スクラムチームと
現場になった
じゃないか

気に
障った
かな
……

うっ……
感無量で
泣きそう……

すごいね!!

241

▶ 後回しにしてはいけないんだ!!

　スクラムだからといって、リリースのためにやることには変わりはない。さまざまな視点でのテストやパフォーマンスの確認、必要なドキュメントを書いたりもする。あと、社内の手続きなんかも必要かもしれない。リリースまでには必要なことは片づけないといけない。これまで、スプリントごとにリリース判断可能なものを完成させながら、開発を進めてきた。けれど、リリースするために必要な作業がほかにもあるはずだ。それをどうやって片づけていけばいいのだろう？

リリースに必要な作業って？
毎回、完成させてきたつもりだけど……

　まずは、リリースまでに必要な作業とは何なのかを考えよう。これまでスクラムチームは、スプリントごとにプロダクトバックログの項目を実現してきた。そこで作ったものはすべて完成の定義を満たしている。けれど、完成の定義はスクラムチームの中で何が終わったかの認識を合わせるためにあるものなので、本当の意味で終わったとはいえない。本当に終わったといえるのは、リリースに求められる基準を満たしたときだ。たとえば、必要なドキュメントが揃っていたり、受け入れテストにすべて合格していたり、セキュリティやパフォーマンスに問題がないことが確認されているといったものだ。リリースに求められる基準と完成の定義との差分が、リリースするのに必要な作業だ。この作業を終わらせないとリリースはできないんだ。

> リリースに必要な作業 ＝ リリースを満たす基準 － 完成の定義

　たとえば、テストコードは十分に書いてあっても、他システムとの連携のテストや本番相当の環境でのテストなどは、毎回のスプリントではできていないかもしれない。簡単なドキュメントは完成の定義に含めてスプリントごとに書いていても、リリースまでにはもっと詳細な内容が必要だったりすることもあるだろう。だったら、それをやらないといけない。これがリリースに必要な作業だ。

リリースの基準を満たすための作業は 必要なんだ

　では、その作業はいつやろう？　たとえば必要なドキュメントを揃える作業だったら、完成の定義に含めて毎回のスプリントで書いているスクラムチームもあるし、プロダクトバックログの項目にして、いつ頃どの程度書くのかを調整しながら進めているスクラムチームもある。ほかにもたとえば、パフォーマンスの確認を毎回のスプリントでやるのは大変なので、数スプリントおきに実施して、その結果で対処が必要なものをプロダクトバックログに追加してたりする。つまり、そういった作業をいつやるかは、自分たちで判断すればいい。必要な作業はリリースまでに終わらせればいいので、自分たちのやりやすいように扱えばいいんだ。

リリースに必要な作業は、自分たちの やりやすいやり方で進めればいいんだ

　たとえば、リリーススプリントだ。スクラムを始めたばかりのスクラムチームが採用することが多い。これは、通常のスプリントが終わったあとに、リリースに必要な作業を片づけるための期間を最後にまとめて取るやり方だ。通常のスプリントとは違って、その期間のことをリリーススプリントと呼んでいるだけで、やり方はとくに決まっていない。スクラムイベントも必要なければやらなくていい。

　たとえば、こういうやり方はどうだろう。最初に、片づけないといけない作業がどれくらいあるのかを把握する。スクラムチームで集まって、必要な作業を洗い出すんだ。もちろん見積りもしなくちゃいけない。ここではスプリントプランニングの経験が生きてくるだろう。見積もることができれば、リリーススプリントの期間を考えられる。どれくらいの期間が適切かはそれぞれの現場によって大きく異なるけど、長くても2、3スプリントぐらいだろう。それ以上であれば、洗い出した作業の中に、通常のスプリントでもやれることがあったということだ。もしリリースを期待されている日がほぼ固定で調整しにくい開発なら、あらかじめリリーススプ

リントの期間も見込んでおこう。だけどこの期間を正確に見極めるには、本当はある程度、開発が進んでからがいい。開発が始まる前とか始まったばかりだと、まだスクラムチームとしてのパフォーマンスも十分でないし、一緒に作業をして得た経験も少ないので、必要な作業や見積りの認識を揃えるところから始めないといけないからだ。

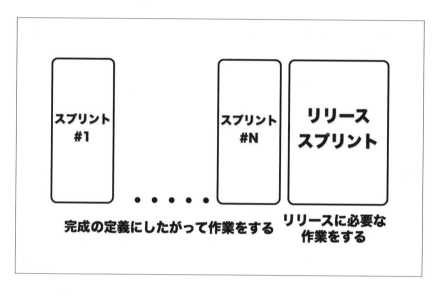

では、洗い出した作業はどうしよう？　あとは期間内に終わらせるだけだ。そのときにはデイリースクラムやタスクボード、バーンダウンチャートを使うといいだろう。残された時間は少ないので、うまくいってないことが見つかったら、今まで以上にすぐに対処しないといけない。こうやって、すべての必要な作業を終わらせていこう。リリーススプリントでやらないといけないのは、これだけだ。

リリーススプリントでは、リリースに必要で残っていることに取り組むのか

けれど、リリーススプリントには良くない面もあるんだ。リリースの間際にふだんとは違う作業をするのは、どうしてもリスクが伴う。本番環境で動かしてみたら

見たことのないエラーが出たとか、実データにはテスト用のデータでは想定していなかったものが含まれていたとか、なぜか色々なトラブルが起きてしまう。リリース間近のトラブルを避けるには、本当はもっと早い段階で検証しておくべきだったんだ。リリースに必要な作業だからといって何でも後回しにするのは良くない。それはリスクを放置して、問題を大きくしているだけなんだ。ここまでのスクラムチームの取り組みが、一瞬で水の泡になる危険性だってある。もし、リリーススプリントを用意するにしても、リリーススプリントに残す作業はなるべく少なくできるようにしよう。

本来はリリーススプリントが
なくてもいいようにするんだな

　スクラムでは、リリース判断可能なものをスプリントごとに提供する。そうしておけば、状況によって途中でリリースしようとしても、すぐに対応できる。もちろん、毎回のスプリントで実際にリリースまで行えるスクラムチームもある。そんなスクラムチームの完成の定義には、あらゆることが含まれている。十分なテストをすることとか、リリースのお知らせや変更点をユーザーに告知することまで含まれている。

　そこまでできるスクラムチームは少ないけれど、やれそうなことはリリーススプリントまで持ち越さずにどんどん前倒しで取り組もう。リリースのときのリスクは減らさないといけないんだ。

やれそうなことは後回しにせずに
取り組んでいくのか

　たとえばそのための方法として、完成の定義を拡張するのもいいだろう。スクラムチームも毎回のスプリントを通して成長していくので、スプリントで取り組めることも増える。無理をして一度に多くのことを完成の定義に盛り込む必要はないので、自分たちで新しくやれそうになったら追記しよう。スプリントレトロスペク

ティブの時間などを使って、テストできる範囲を増やせるようになったんじゃない
か、なんてことを話し合ってみよう。

　そして、何か1つでも早く取り組めるようにしよう。スクラムでは、気になるこ
とはなるべく早い段階でやっつける。リリーススプリントがあるのを言い訳にし
て、必要なことを後回しにしてはいけない。それは、わかっているリスクを放置し
ているだけなんだ。リリーススプリントでは、そうやって放っておいたことに必ず
つまずいてしまう。

なんでもリリーススプリントに回すのは良くないことなんだな

　じゃあ、そろそろ「ボク」たちのスクラムチームがリリースに必要なことを片づ
けられたかを見てみようか。

だよねー やっぱあれ しんどかった よねー

あの時さー ブチョーの 顔見た?

はーい

おーい、 まだ最初の リリースなんだ からさー 大変なのは これからだよー

ごちそう さまでーす!!

よし、じゃあ 今日の夜食は 僕がおごるよ

パタン……

実践編で伝えたかったこと

ここからが始まりさ!?

あれから数週間……みんなのおかげでリリース後のトラブルは少なく、評価も上々だ。みんなはどうしているかな?

最初の支店への導入も無事に済んだし、いよいよ来月の全国展開に向けての説明会でバタバタ

ボクくん久しぶりー

どう?忙しい?

やあやあ僕は今帰るとこ

そちらはどう?

僕?次の開発の準備中だよほかのみんなは新しいチームで忙しそう

あー、すごく大変だったけど、あんなにやりがいのあった開発ってはじめて!私たちってすごくいいスクラムチームだったと……

そうなんだよー!次はもっとうまくやれると思わない?またみんなでやれたら……

思うのそれで!!

だから!!

最後まで読んでくれてありがとう

　ここまで読んでくれてありがとう。私たちはここまで、スクラムにどう取り組むのかを伝えてきた。スクラムは非常にシンプルな反面、実際の現場でどうやっていくのかを悩むかもしれない。だけど、ボクくんたちのようなはじめてのスクラムチームでも、成果を出すことはできるんだ。もちろん、マンガと違って実際の現場はもっと複雑で大変だ。けれど、自分たちの現場で取り組むときにやることは、そんなに変わらないはずだ。

　実際の現場を見てみると、この本のようなシンプルな体制や状況の開発ばかりではない。もっと複雑な体制や状況で進める開発はたくさんある。たくさんの人が自分の現場で実際にどう取り組むのかを悩んでいて、私たちもよく「こういう場合はどうすればいいの？」と相談される。その中からよく聞かれるものについて少し触れておこう。

- 大人数での開発
- 分散拠点での開発

　スクラムで大人数による開発はできるのだろうか？　作るものの規模が大きければ開発する人の数も多くしたくなるだろうが、スクラムでは開発チームの人数は3～9人の少人数が適切とされている。

　では、それ以上の人数で開発する場合はどうすればいいんだろう？　よく採用されているやり方は、複数の開発チームで協力しながら開発を進めるアプローチだ。それぞれの開発チームにはそれぞれスクラムマスターが必要だ。ただし、意思決定を明確にするために、プロダクトオーナーは1人でないといけない。もちろんプロダクトバックログも1つだ。そこから、それぞれの開発チームがいつものスクラムのように、1つずつ実現したいことを完成させていく。

　作るものの規模が大きいとプロダクトバックログも巨大になりがちなので、プロダクトオーナーが1人だとプロダクトバックログの管理や、さまざまな判断もしにくい。そのため、プロダクトオーナーを支える専門の体制を用意することも多い。また、開発チームを横断する開発全体に関わる話題や問題があったり、作業を進める過程で他の開発チームと調整する必要も出てきたりする。そのためにスクラム・

オブ・スクラムというイベントを用意する。毎日、デイリースクラムを開発チーム
ごとに実施したあとに代表者が集まって、全体について何かうまくいっていないこ
とがないかを検査するんだ。やり方や考え方は、ふつうのデイリースクラムと変わ
らない。

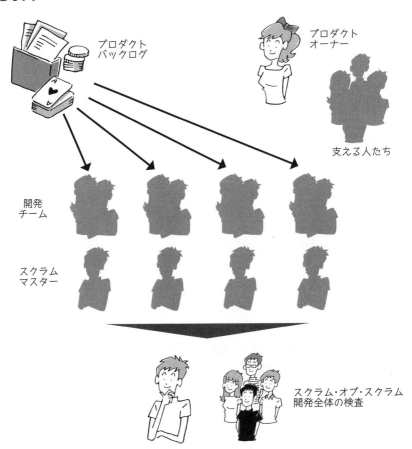

大人数での開発は、少人数での開発と比べて扱う問題の大きさも量も桁外れだ。
全体がうまくいっているかどうかも、頻繁に確認して対処する必要がある。なの
で、このやり方では、複数の開発チームが独立して、いつも通りにスクラムで開発
を進められるようにしている。そして、これだけでは足りないところを補うため
に、全体について検査するイベントを追加するという工夫をしているんだ。問題解

決や学びを共有するイベントなどを追加することもある。

　ただし、それぞれの開発チームがスクラムのやり方に十分慣れているのが前提だ。少なくとも開発チーム内の問題は自分たちだけで解決できる必要がある。そうでないと、開発チームと全体の問題が同時にたくさん押し寄せてしまって、大人数の開発はうまく進まない。

スクラムができる開発チームなんてたくさんないよ……

　もしそんな開発チームがたくさんないなら、大人数での開発はやめておいたほうが無難だ。けれど、それでもスクラムでやるメリットがあるのなら、開発チームの問題は自分たちで解決できるようにする方法を用意して進めていこう。

　たとえば、こういうやり方はどうだろう。まずは、慣れたやり方で途中まで進めて、ある程度まで作ってしまう。そして、その期間にスクラムのやり方を少しでも取り入れて、問題を解決していく練習をするんだ。たとえば、デイリースクラムを実施して問題を早く見つけることから始めたり、1週間分の作業を自分たちで洗い出して進めたりしてみよう。また、自分たちの作業の進め方を見直す機会を定期的に用意するのもいいだろう。そしてどこかのタイミングで、進め方をスクラムに切り替えよう。できあがったものもあるし、開発の序盤を慣れたやり方で進めたおかげで、開発全体で扱う課題も少なくて扱いやすくなっているはずだ。それぞれの開発チームも、自分たちの問題を解決できるようになっているはずだ。

　これなら、周りが期待しているスクラムのメリットが何かしら得られるかもしれない。ただし限られた練習期間を有効に使わないと、切り替えた途端に開発がうまく進まなくなるといったデメリットもあるので注意しよう。開発のやり方に慣れることをあらかじめ計画して、うまくやらないといけない。

じゃあ、分散開発は？離れた拠点とうまくやれたりするの？

リモートで働くメンバーがいたり、いくつかの拠点に分散して開発する現場もあるだろう。そういった離れた場所での開発に特有の問題が色々と出てくる。たとえば、質問などのやり取りがうまくいかなかったり、向こうの状況がよくわからなかったりするといったものは代表的な問題だろう。それは、スクラムでも解決できない。自分たちの環境や状況に応じて解決しよう。

　たとえば、プロダクトオーナーが離れた開発拠点に毎週のように行く場合もあるし、巨大なディスプレイとカメラを使い、別の拠点と映像と音声を終日つないでいる現場もある。議論をするときは、ビデオ通話だけでなくチャットもあわせて使って、聞き取りにくいことや伝わりにくいことをチャットのテキストやリアクション（絵文字）でうまく補おうと工夫していたりもする。

　けれど、一度も会ったこともない人たち同士でスクラムチームを組むのはとても大変だ。顔も名前もよく知らない人と一緒に協力して開発を進めるなんてできないからだ。だからまずは、同じ拠点でしばらく一緒に開発してみよう。みんながスクラムで協力して進めることを理解すれば、離れていても協力して開発できるんだ。このやり方を採用して、うまくいっているスクラムチームもある。

スクラムをやったからって
うまくいくわけじゃない？

　最初から難しい問題に取り組むのは大変だ。たくさんの問題が一度に出てきて押しつぶされてしまう。最初は全員が近くにいて、1つのスクラムチームだけで扱えるような開発から始めたほうがいい。全員が近くにいる場合でもうまくいかないことがあるのに、もっと難しい開発をうまく進めるとなれば、さまざまな努力をしないといけないからだ。

　もしかしたら、ボクくんたちのような開発でさえも、うまくいくとは限らない。スクラムで成果を出せるかどうかは、実際に取り組む現場の人たち次第なんだ。スクラムは、期待されていることを達成するために、自分たちが確実にできることを少しずつやる。そして、その結果がどうなったかを受けて、次を考える。スクラムはうまくいっていないことを見逃さず、対処しやすいように以下のことを提供してくれるだけなんだ。

- どこがうまくいっていないかを特定しやすい
- 実際にうまくいっていないことを解消する機会がある
- うまく進めるためにやり方を変えられる機会がある
- やり方を多少変えても影響が少ないようになっている

　これを活用できるかどうかは、スクラムチーム次第だ。うまくいっていないことを放置したままでは、期待されているゴールを達成できない。自分たちで見つけた問題を自分たちで解消していかないといけない。

スクラムは問題を見つけやすい やり方なんだな

　現場の問題を見つけられるのは、実際に開発を進めていく現場の人たちだけなんだ。そして、それを解消する知恵を出せるのも現場の人たちなんだ。問題にいち早く対処していければ成果は出てくる。こんなふうに、現場の人たちが中心となって問題になりそうなことを見つけて、仕事の進め方から見直して解決していく活動には、名前がついている。そう、カイゼンだ。もともと、日本の製造業で生まれた、現場の作業者が中心となって行う現場を良くし続けていく活動は、スクラムの中でも重要な要素になっている。

　もし、カイゼンが行われなかったらどうなるだろう？　スクラムでは、自分たちが作るものをもっと良くすることを重視している。こうすればもっと良くなると考えたことを実際に形にして、それについて周りから意見をもらう。そしてその意見をもとにしてさらに良いものにする。それなのに、開発を進めていくスクラムチーム自体が常に問題を抱えていたら、その対処に翻弄されて、作るものを良くしていくことができなくなってしまう。そうならないために、スクラムチームを常に問題がない状態にするのに、カイゼンは不可欠なんだ。

もっと良いものにするために
カイゼンが大事なんだ

　もちろん、最初から全部を完璧にできるスクラムチームはいない。それはボクくんたちのスクラムチームも例外じゃない。だからあえて、実践編ではスクラムの2つの大事なことを書かなかった。

　その1つはスプリントレトロスペクティブ、よく「ふりかえり」と呼ばれている活動だ。スプリントレトロスペクティブは、スクラムチームの仕事の進め方をもっと良いものに変えていくためのイベントだ。作るものをさらに良くしていくには、それを実現するスクラムチーム自身が良くなっていく必要がある。たとえば、もっとユーザーの使い勝手を良くしたいからペーパープロトタイピングに取り組もうとか、全員がテストコードを書けるようになるための勉強時間を確保しようといった具合だ。自分たちで仕事の進め方をいつも良くしていくことに頭を使うんだ。

　けれど、最初の頃のスプリントレトロスペクティブは、スプリントで起きた問題に対処しようとして、問題解決のイベントになりがちになる。ボクくんたちも、そうなっていただろう。それだと本来のスプリントレトロスペクティブの姿を誤解させてしまうので、実践編では伝えなかったんだ。

スプリントレトロスペクティブは
問題解決のイベントじゃないんだ

　そして、もう1つ伝えなかったのは、プロダクトという考え方だ。プロダクトは、スクラムチームが作るものの全体を指す言葉だ。たとえば今回なら、営業支援システムそのものを指す。スクラムチームは、プロダクトを良くするためにさまざまなことに取り組んでいく。たとえば、入力に手間がかかりすぎるのでそれを補助する仕組みを追加しようといった話が、本来であればいつもされているはずだ。けれど、プロダクトを良くするための活動を最初はうまくできないかもしれない。はじめのうちは、とにかく開発をどううまく進めるかに意識が向いてしまいがちだ。ボクくんたちもプ

ロダクトに注目してうまく行動できると思わなかったので、実践編では伝えなかった。
でも、開発がうまく進んでも、周りの期待に応えられるわけではない。できあがった
プロダクトをどれだけ良いものにしていくかが本当は大事なんだ。

> **プロダクトをどれだけ良くしていくかが
> 大事なんだ**

　はたして、周りの期待に応え続けられるスクラムチームになれるのだろうか？
目の前の、うすうすは気づいている問題を見すごすことはできない。プロダクトを
もっと良くするために協力して考えながら、決まった仕事の進め方ではなく、自分
たちで良い仕事の進め方に変えていかないといけない。おまけに、新しい技術も
次々と登場するし、期待されていることも日々難しくなる。

　それでも、誰でもそんなふうになれるんだ。少しずつ学んで、上達していけばい
いだけなんだ。もちろん、学ぶことはたくさんある。

　もしあなたが開発チームの一員なら、もっと良いコードを書くためにエンジニア
リングのスキルを伸ばしたり、良いプロダクトを作るのを手伝えるようにデザイン
やプロダクトオーナーの力になれることも学んだりしよう。もし、スクラムマス
ターなら、どうやって人に教えていくかを学んだり、せっかく育ったスクラムチー
ムが解散するのを防いだりするなど自分の組織へアプローチする方法も学んだりし
よう。プロダクトオーナーなら、もっと喜ばれるプロダクトにするために使える知
識が世の中にはたくさんあるので、それを学ぼう。

　そして、スクラムチームは全員、どうすればチームでもっとより良い開発ができ
るかを考えたり、自分の考えをうまく伝えるスキルを身につけたりしていこう。

> **良いスクラムチームになれるように、
> 少しずつ学んで上達していくんだな**

　これらはみな、毎日の活動の中でスクラムを通じて学べることだ。スプリントを
進めていると、あまり知らない分野の知識を必要とする作業が出てきたり、こうし

たほうがいいと未経験だけど思ったりするだろう。それなら、周りの人たちと一緒に、そこに取り組んでみよう。ちょっとした努力は必要になるけれど、今まで知らなかったことを体験しながら学べる。それを繰り返しながら、スクラムチームは成長する。ボクくんたちのスクラムチームも何度もスプリントを繰り返しながら本書の最後には大きく成長しただろう？　あんなふうに、良いスクラムチームはできていくんだ。

毎日の活動を通じて体験して学んでいくのか

　スクラムの本質は、このようにチームで学んでいくための仕組みだと私たちは考えている。そしてこれが、私たちがスクラムを好きな理由だ。

　みんなに喜んでもらえるようなプロダクトを作るのは簡単じゃない。いろんな知識やスキルが必要だ。けれど、それはものすごいスキルを持った人だけの特権じゃない。平凡なスキルしかない私たちにだって、チームで学び続けていけば、いつか自分たちの代表作だと胸を張れるものを作れるんだ。

　もちろん、スクラムだけがチームでの開発をより良くするやり方じゃない。ほかにもチームでの開発を良くするアプローチはたくさんある。けれど、私たちはスクラムなどのアジャイル開発を通じて色々なことを学ぶことができた。その学びは皆さんのチームにもきっと役立つんじゃないかと考え、それを伝えようとこの本を書いたんだ。この本をきっかけに、スクラムに取り組んでみたり、少しでも良いチームに成長するヒントになったり、もっと学ぼうという行動につながったりすれば、私たちにとってそれ以上にうれしいことはない。

スクラムは体験して学んでいくための仕組みなんだ

　さて、私たちから伝えたかったことは、これでひとまず終わりです。スクラムは、体験から学ぶことを繰り返していくものです。ぜひ、皆さんの現場で取り組ん

でみてください。

　この本は私たちが学んだことを伝えただけで、スクラムのすべてではありません。私たちもまだ学びの途中なので、皆さんがこれから学んだことを私たちに教えてください。「僕のスクラムチームではこういう取り組みをしているんだ」とか「私のところのプロダクトオーナーはこういうことに気をつけているよ」とか。そして、「本には書いてなかったけど、大事なことを見つけたんだ」と私たちや周りに伝えてください。

　そしていつか、みんなで学んだことをお互いに教え合ったりすることが、あちこちの現場で自然に行われる日が来るんじゃないかと思っています。何かが今と変わっていて、毎日、胸を張れる仕事ができている気がします。私たちはそんな日がきっと来ると信じて、楽しみにしています。

　これからも私たちと一緒にもっともっと学んでいきましょう！

どうぞ

どうぞ
どうぞ

もちろん
私が
プロダクト
オーナーよ

すごい

なんでか
わかる？

じゃ、私から
今回のシステムを
営業部長がすごく
認めてくれて、
追加の開発予算を
取りにいってる
みたい

プロダクトオーナーが
ビジョンを実現するために
「この開発チームにお願い!!」
って言うのがいいんでしょう？
プロダクトバックログも残って
るし、またみんなに頼もうと
思って色々と準備して
いるのよ

すごい

僕も
次の開発では
似たようなことを提案
しようとしているんだ
ブチョーも結果に
すごく驚いていて
もっと詳しく教えろって
うるさいんだ

会社としてどういう
サポートが必要かまで
含めて今回のことを
まとめているんだ
キミちゃんの時間が
あるときにでも
相談に乗ってよ

すごーい！
とても
いいわね！

お互いのアイデアが
うまくいくように
一緒に考えるって
どう？

いいね！

この物語に登場するスクラムチームは、
実際に現場でお会いした
たくさんのスクラムチームを
参考にさせていただきました

Special Thanks to

角谷 信太郎
James O. Coplien

市谷 聡啓	岩崎 奈緒己
上田 佳典	宇畑 洋介
柴田 博志	高橋 一貴
原田 騎郎	中村 薫
松元 健	安井 力
飯田 意己	太田 陽祐
及部 敬雄	須藤 昂司
森 一樹	

To be continued

謝辞と著者について

著者を代表しての謝辞

このたび、たくさんの人のおかげで『SCRUM BOOT CAMP THE BOOK』を新しくすることができました。この場を借りて、感謝いたします。本来ならば全員に感謝の意を表したいところですが、抜粋してお伝えすることをご容赦ください。

まず、これまで『SCRUM BOOT CAMP THE BOOK』を読んでいただいた多くの読者の方にとても感謝しています。2012年に「アジャイル開発を知らない人にもスクラムを実践しているチームの様子をわかりやすく伝えたい！」という想いで始まった本が、こんなにも長い間、たくさんの人に読んでいただけるなんて、まったく想像もしていませんでした。感謝とともに、この本が幅広い現場でスクラムを初めて実践する人の支えになれたことをとてもうれしく思っています。

次に、「これからの人のために改訂しましょう！」と根気強く声をかけ、背中を押してくださった翔泳社の皆さんに感謝しています。とくに、岩切晃子さん、片岡仁さんのおかげで、読者の皆さんに再び本を届けることができました。今回も、執筆の際には色々とご迷惑をおかけしたことをこの場を借りてお詫びいたします。

そして、これまでの『SCRUM BOOT CAMP THE BOOK』にご協力くださった方々に感謝を伝えたいです。初代編集者の近藤真佐子さん、イラストレーターの亀倉秀人さん、刊行の際に素晴らしい文章を寄稿してくださった角谷信太郎さん、James O. Coplienさん、とても熱心に指摘と勇気づけられるコメントをくださったレビュワーの方々のおかげで、今のこの本があります。一緒に執筆できたことは、私たちのとても貴重で大切な財産です。

最後に、アジャイル開発におけるたくさんの先人たちに感謝しています。こうした本を書くそもそものきっかけであり、この本の大事な軸は、先人たちが伝えてくれた経験や知見によって形づくられています。先人たちの大切にしていたことが、新しくなった本書でよりわかりやすく伝わっていれば幸いです。もしそうなっていれば、それはこれまでの読者と助けてくださったすべての人のおかげです。

西村 直人

266

西村 直人（にしむら なおと）

株式会社エス・エム・エス／一般社団法人アジャイルチームを支える会。

2005年からアジャイルなソフトウェア開発を実践。エクストリーム・プログラミングとの出会いと株式会社永和システムマネジメントでチーム開発を経験して以来、「アジャイル開発を通じて、ビジネスに貢献できるより良いチームを増やしたい」という想いで日々奮闘中。書籍『アジャイルサムライ』の監訳をはじめ、「Scrum Boot Camp Premium」といった初心者に向けた研修やイベント、現場への支援などを続けています。

https://nawo.to/　　Twitter：@nawoto

　私がアジャイル開発を始めたきっかけは1冊の本でした。それがいつか「自分もアジャイル開発についての本を書いてみたい」という夢になり、その夢は著者2人とたくさんの人のおかげで『SCRUM BOOT CAMP THE BOOK』として叶えることができました。今回、当時の想いを新たにして、ふたたび筆を執ることができたのは、楽しく健やかな毎日を笑顔で支えてくれている妻の恵実（かしめぐ）の愛情のおかげです。いつも本当に感謝しています。また、ふだん現場で関わっているチームのみんなとアジャイルチームを支える会のみんなに感謝しています。皆さんとの対話や刺激によって、本書で伝えたいチームの新たな風景を描くことができました。あと、これまでの仕事やコミュニティで出会った人たちのおかげで、この本の内容を書きあげることができました。そして、いつか人和と鈴がこの本を手に取って、ちょっと誇らしげに読んでくれる日が訪れれば嬉しいです。

　最後に、執筆時点（2020年4月）、外部から自分たちを取り巻く環境に大きな影響があったりと変化はいつどこから始まるかわかりません。そして、スクラムだけが正解ではありません。それでも、読んでくれた皆さんにとって、この本が変化を楽しむきっかけや支えになれば幸いです。

▶ 永瀬 美穂（ながせ みほ）

　株式会社アトラクタ Founder兼CBO／アジャイルコーチ。受託開発の現場で
ソフトウェアエンジニア、所属組織のマネージャーとしてアジャイルを導入し実
践。アジャイル開発の導入支援、教育研修、コーチングをしながら、大学教育とコ
ミュニティ活動にも力を入れている。

　スクラムアライアンス認定スクラムプロフェッショナル（CSP）／認定スクラ
ムマスター（CSM）／認定スクラムプロダクトオーナー（CSPO）／認定アジャ
イルリーダーシップ（CAL1）／プロジェクトマネジメントプロフェッショナル
（PMP）。

　2020年現在、産業技術大学院大学特任准教授、東京工業大学、筑波大学、琉
球大学非常勤講師。一般社団法人スクラムギャザリング東京実行委員会理事。著書
に『SCRUM BOOT CAMP THE BOOK』（翔泳社）、訳書に『みんなでアジャ
イル』『レガシーコードからの脱却』（オライリー・ジャパン）、『アジャイルコーチ
ング』（オーム社）、『ジョイ・インク』（翔泳社）。

　http://about.me/miho　　Twitter：@miholovesq

　増補改訂版の出版にあたり、翔泳社の方々、コラムを寄稿してくださった方々、
イラストレーターの亀倉さん、2人の共著者に感謝します。そして何より、読者の
皆さまに感謝します。初版の出版プロジェクトが開始した8年前、この本がここ
まで長い間言及され愛され続ける本になると誰が予想したでしょうか。願わくば、
本書がこれからも予測不能な世の中を生き抜く皆さまの相棒になりますように。
Have a nice beer!!

▶ 吉羽 龍太郎 （よしば りゅうたろう）

株式会社アトラクタ Founder兼CTO ／アジャイルコーチ。アジャイル開発、DevOps、クラウドコンピューティングを中心としたコンサルティングやトレーニングに従事。野村総合研究所、Amazon Web Servicesなどを経て現職。

スクラムアライアンス認定チームコーチ（CTC）／認定スクラムプロフェッショナル（CSP）／認定スクラムマスター（CSM）／認定スクラムプロダクトオーナー（CSPO）／認定アジャイルリーダーシップ（CAL1）。Microsoft MVP for Azure。青山学院大学非常勤講師（2017-）。

著書に『業務システム クラウド移行の定石』（日経BP社）など、訳書に『みんなでアジャイル』『レガシーコードからの脱却』『Effective DevOps』『カンバン仕事術』（オライリー・ジャパン）、『ジョイ・インク』（翔泳社）など多数。

https://www.ryuzee.com/　　Twitter：@ryuzee

2011年4月に行われたデブサミの再演「縦サミ」で和田卓人氏の話を聞いて衝撃を受けて、何かやろうと思って始めたのが、これからスクラムに取り組む人たち向けの1日イベントでした。そのイベントに「Scrum Boot Camp」という名前を付けたのです。休日に集まって何度も実施したのをよく覚えています。

まさかこの名前が10年近く生き続けるとは思いませんでした。これもひとえに、これまでScrum Boot Campの活動に関わってくださった多くの方、初版を含め本書をお読みいただいた多くの方のおかげだと感謝しています。

次の10年はどうなるんだろう？

コラムを書いてくれた人たち

飯田 意己（いいだ よしき）
制作会社、事業会社にてエンジニア、スクラムマスター、プロダクトオーナーを経てエンジニア組織全体のマネジメントを経験。現場のチームビルディングから部署を超えた会社全体のカイゼンなど、アジャイルな組織づくりに取り組む。一般社団法人アジャイルチームを支える会理事。
Twitter：@ysk_118

太田 陽祐（おおた ようすけ）
株式会社ドワンゴ所属で株式会社トリスタ出向中のソフトウェアエンジニア。TDD ワイワイ会 副代表。チームとプロダクトの両方がより良くなるように日々チーム開発に勤しんでいる。好きなアクティビティは TDD とモブプログラミング。
Twitter：@y0t4

及部 敬雄（およべ たかお）
株式会社デンソー 歌って踊れるエンジニア。一般社団法人アジャイルチームを支える会 理事。AGILE-MONSTER（個人事業主）。アジャイル開発の実践者として、最強のチームを作るために活動を続けており、現場での経験知をさまざまな形で発信している。最近はモブプログラミングを広める活動が多い。モットーは「自動車業界に金の雨を降らせる」。
https://takaking22.com/
Twitter：@TAKAKING22

須藤 昂司（すどう こうじ）
プロダクト開発とチーム開発が好きなプログラマ。心はいつでもスクラムマスター。登壇歴に JJUG CCC 等。TDD が好きで、お気に入りのテスティングフレームワークは Spock。今いる場所が少しずつでも改善するよう日々奮闘中。
https://su-kun1899.hatenablog.com/
Twitter：@su_kun_1899

森 一樹（もり かずき）
株式会社野村総合研究所 チームファシリテーター。チームに強化魔法をかける人。一般社団法人アジャイルチームを支える会 理事。世の中に楽しいふりかえりを広げるために日本全国で活動中。著書として「ふりかえり読本シリーズ」『チームビルディング超実践ガイド』がある。＃ふりかえり am を定期発信。
https://hurikaeri.hatenablog.com/
Twitter：@viva_tweet_x

理解を深めるために読んでほしい文献

　本書を書くにあたって、先人たちによって書かれたさまざまな文献を参考にしました。また、本書以外にもアジャイル開発を扱う多くの書籍があります。その中から、本書を読み終わった皆さんが「もっと深く理解したい」と思ったときに読むべきものを厳選して紹介します。

スクラムガイド
著者：Jef Sutherland、Ken Schwaber　　翻訳：角征典
https://scrumguides.org/
無料ダウンロード可能（日本語版あり）

アジャイルサムライ ― 達人開発者への道 ―
著者：Jonathan Rasmusson
監訳：西村直人、角谷信太郎　　翻訳：近藤修平、角掛拓未
出版社：オーム社
ISBN：978-4-2740-6856-0

アジャイルな見積りと計画づくり
　　～価値あるソフトウェアを育てる概念と技法～
著者：Mike Cohn　翻訳：安井力、角谷信太郎
出版社：マイナビ出版
ISBN：978-4-8399-2402-7

アジャイルレトロスペクティブズ
　　強いチームを育てる「ふりかえり」の手引き
著者：Esther Derby、Diana Larsen　　翻訳：角征典
出版社：オーム社
ISBN：978-4-2740-6698-6

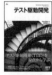

テスト駆動開発
著者：Kent Beck　　翻訳：和田卓人
出版社：オーム社
ISBN：978-4-2742-1788-3

新装版 達人プログラマー　職人から名匠への道
著者：Andrew Hunt、David Thomas　　翻訳：村上雅章
出版社：オーム社
ISBN：978-4-2742-1933-7

ユーザーストーリーマッピング
著者：Jeff Patton　　監修：川口恭伸　　翻訳：長尾高弘
出版社：オライリージャパン
ISBN：978-4-8731-1732-4

カイゼン・ジャーニー
　たった1人からはじめて、「越境」するチームをつくるまで
著者：市谷聡啓、新井剛
出版社：翔泳社
ISBN：978-4-7981-5334-6

アジャイルコーチング
著者：Rachel Davies、Liz Sedley　　翻訳：永瀬美穂、角征典
出版社：オーム社
ISBN：978-4-2742-1937-5

エッセンシャル スクラム
　アジャイル開発に関わるすべての人のための完全攻略ガイド
著者：Kenneth Rubin　　翻訳：岡澤裕二、角征典、高木正弘、和智右桂
出版社：翔泳社
ISBN：978-4-7981-3050-7

スクラム　仕事が4倍速くなる“世界標準”のチーム戦術
著者：ジェフ・サザーランド　　翻訳：石垣賀子
出版社：早川書房
ISBN：978-4-1520-9542-8

アジャイル開発とスクラム
　～顧客・技術・経営をつなぐ協調的ソフトウェア開発マネジメント
著者：平鍋健児、野中郁次郎
出版社：翔泳社
ISBN：978-4-7981-2970-9

スクラム現場ガイド　スクラムを始めてみたけどうまくいかない時に読む本
著者：Mitch Lacey　　翻訳：安井力、近藤寛喜、原田騎郎
出版社：マイナビ出版
ISBN：978-4-8399-5199-3

エクストリームプログラミング
著者：Kent Beck、Cynthia Andres　　翻訳：角征典
出版社：オーム社
ISBN：978-4-2742-1762-3

ボクくんが気づいた大切なこと

ボクくんがスクラムのプロジェクトを通じて気づいたことの一部を抜粋しました。皆さんも何か悩んだときの参考にしてください。

INDEX

▶ 本書内容に関するお問い合わせについて

このたびは翔泳社の書籍をお買い上げいただき、誠にありがとうございます。弊社では、読者の皆様からのお問い合わせに適切に対応させていただくため、以下のガイドラインへのご協力をお願い致しております。下記項目をお読みいただき、手順に従ってお問い合わせください。

●ご質問される前に
弊社Webサイトの「正誤表」をご参照ください。これまでに判明した正誤や追加情報を掲載しています。

　　正誤表　https://www.shoeisha.co.jp/book/errata/

●ご質問方法
弊社Webサイトの「刊行物Q&A」をご利用ください。

　　刊行物Q&A　https://www.shoeisha.co.jp/book/qa/

インターネットをご利用でない場合は、FAXまたは郵便にて、下記"翔泳社 愛読者サービスセンター"までお問い合わせください。電話でのご質問は、お受けしておりません。

●回答について
回答は、ご質問いただいた手段によってご返事申し上げます。ご質問の内容によっては、回答に数日ないしはそれ以上の期間を要する場合があります。

●ご質問に際してのご注意
本書の対象を越えるもの、記述個所を特定されないもの、また読者固有の環境に起因するご質問等にはお答えできませんので、予めご了承ください。

●郵便物送付先およびFAX番号
送付先住所　〒160-0006　東京都新宿区舟町5
FAX番号　　03-5362-3818
宛先　　　　（株）翔泳社 愛読者サービスセンター

装丁・本文デザイン	和田 奈加子
DTP	山口 良二
イラストレーション	亀倉 秀人

コラム執筆	飯田 意己、太田 陽祐、及部 敬雄、須藤 昂司、森 一樹

SCRUM BOOT CAMP THE BOOK【増補改訂版】（スクラム・ブート・キャンプ ザ・ブック）
スクラムチームではじめるアジャイル開発

2020年 5 月20日　初版第1刷発行
2023年12月15日　初版第6刷発行

著者	西村 直人（にしむら なおと）
	永瀬 美穂（ながせ みほ）
	吉羽 龍太郎（よしば りゅうたろう）
発行人	佐々木 幹夫
発行所	株式会社 翔泳社（https://www.shoeisha.co.jp/）
印刷・製本	日経印刷株式会社

©2020 Naoto Nishimura, Miho Nagase, Ryutaro Yoshiba

ISBN978-4-7981-6368-0
Printed in Japan